神奇的外泌體

莊銀清 醫師·講座教授

陳振興 醫師·醫學博士 ◆ 著

晨星出版

賴清德 先生

美國哈佛大學公共衛生研究所碩士。歷任國民大會代表、四任立法委員、2010年、2014年臺南市長、行政院長、現為中華民國第十五任副總統。

（照片引用自維基百科網站，https://commons.wikimedia.org/w/index.php?curid=90473429）

引領臺灣外泌體醫療技術前進，強化與國際接軌

　　莊銀清院長是國內感染症醫學的權威，過去我在成大醫學院念書，在成大醫院擔任主治醫師時，就對莊院長非常敬佩，過去四十年來，莊院長無論在教學、研究或醫學服務都有十分傑出、亮眼的表現。

　　莊院長除了平時的教學研究與醫療服務外，對臺灣的各項防疫工作更是盡心盡力、熱心奉獻。當二〇一九年底，臺灣從社群媒體獲知中國爆發非典型肺炎時，擔任傳染病防治醫療網指揮官的莊院長，更是全世界第一批進入武漢，帶回 COVID-19 可能「有限度人傳人」的重要資訊，協助臺灣超前部署的重要功臣。

　　莊銀清院長和陳振興博士兩人分別在醫療、生技業耕耘多年，此次將他們長期努力的研究成果集結成《神奇的外泌體》一書，將外

泌體這項嶄新的醫療技術向國人進行有系統的介紹，讓國人得以認識未來生醫新趨勢，同時促使臺灣的再生醫療能夠持續向前邁進。

生技醫療產業一直是政府重要的戰略產業，我們的目標很明確，就是要打造接軌全球的生物及醫療科技產業，跟全球頂尖技術接軌，讓臺灣成為全球克服疫病挑戰的關鍵力量。

尤其，臺灣向來擁有 ICT 產業與生醫產業的優勢，如果能夠利用全球產業價值鏈重塑的契機，善用 AI、5G、IoT 等科技的快速發展與串聯，讓臺灣最強的資通訊產業和醫療服務能有更多不同層次、不同領域的結合，不只壯大臺灣的產業，讓臺灣可以率先向「精準健康」來邁進，最重要的還是全體國人的健康可以因此受到更多、更好的照顧。

我很期待，未來能有更多像莊銀清院長與陳振興博士這樣優秀的人才，投入再生醫療的研究，讓臺灣生技產業持續蓬勃發展，早日邁向智慧醫療國家，並在世界生醫產業中扮演積極關鍵的角色，為全球健康福祉做出更多的貢獻。

賴清德　醫師親簽
中華民國第十五任　副總統

陳建仁 先生

美國約翰霍普金斯大學公衛博士。流行病學專家,並為世界科學院院士、美國國家科學院外籍院士、中研院院士。歷任臺灣大學公衛所所長、衛生署署長、國科會主委、中研院副院長、中華民國第十四任副總統,現為中央研究院基因體研究中心特聘研究員。

（照片由陳建仁先生提供）

融合臺灣產官學研醫的集體力量,實現高科技福利健康國的願景

　　陳振興博士是我在美國約翰霍普金斯大學的學弟,他做事認真,為人謙虛,很高興看到他與莊銀清院長合著的《神奇的外泌體》出版發行,讓作為學長的我深感佩服,他轉向生醫產業發展的優異表現,更令人感動。

　　陳博士和莊院長的努力,讓我們看見臺灣醫療生技產業發展的縮影,因為有優秀人才的積極投入,辛苦勤奮的耕耘,臺灣的長期照護、生技醫藥和觀光醫療才獲得國際肯定。生醫產業在政府連續推動《生技新藥產業發展條例》、「五加二產業創新計畫」、「六大核心戰略產業推動方案」的努力下,不僅促進臺灣醫藥衛生的全方位發展,也帶給世界更健康的未來。

　　COVID-19 推動全球生醫產業的快速發展,促成疫苗創新平臺的興起。在後疫情時代,全球更重視醫療生技產業的研究發展,積極尋找更有效益、更安全、更平價的醫療方法,外泌

體的開發將是未來的生醫焦點之一，希望這本好書可讓國人先行認識它的特性與優點。

　　未來醫學的發展，將從預防醫學、預測醫學、個人化醫學、參與醫學四個面向，來規劃執行精準健康策略。臺灣的優勢是擁有完善的健保體系，國際級的醫護水準，健全的人體生物資料庫。若能結合光電、機械等領域的創新醫材，資訊通訊的數位智慧科技，政府生醫產業發展的法規與政策，一定可以讓世界各國見證到臺灣產、官、學、研、醫的集體力量，所激發出來的豐碩成果，希望在不久的未來，臺灣可以實現高科技福利健康國的願景。

陳建仁　院士親簽
中研院院士・基因體研究中心特聘研究員

⬆ 中研院院士 陳建仁先生（左）與本書作者陳振興博士（右）合影。

推薦文

蔡碧仲 先生

國立政治大學法律學系學士。歷任花蓮縣代理縣長、中華民國律師公會全國聯合會副理事長、中華民國律師公會全國聯合會理事、臺灣嘉義地方檢察署檢察官、臺灣嘉義地方檢察署候補檢察官、臺灣雲林地方檢察署候補檢察官、臺灣澎湖地方檢察署候補檢察官，現為法務部政務次長。

（照片引用自中華民國法務部網站，
https://www.moj.gov.tw/2204/2205/
2212/2214/2216/37559/post）

先進的醫療技術，須輔以先進的立法

　　個人雖然長期在司法界服務，但先前到醫藥團體演講醫療糾紛與法律而結識多位醫療工作者，陳振興博士即是其中一位。他待人謙和，學識豐富，這本由他和莊銀清院長合著的《神奇的外泌體》一書，將國內最新的生醫成分外泌體做詳盡介紹，可增進不少醫療新知。

　　臺灣的醫療生技產業在世界舞臺占有重要地位，主要是來自優異的醫療體系、豐富的臨床能量，與政府完善的法規配套措施，例如，修正《生技新藥產業發展條例》、《科學技術基本法》、《藥事法》等；新增「新興生技醫藥產品」納入適用範圍，鼓勵產業投入預防醫學及再生醫學新技術新產品開發。當然，最重要背後要有像陳博士與莊院長這樣優秀人才的參與投入，才能進一步帶動產業的蓬勃發展。

　　外泌體在歐美已經具相當規模與成績，期待臺灣有一天也能有相同水準的外泌體產業，將會是大眾的福音。

蔡碧仲　次長親簽
中華民國法務部　政務次長

⬆ 中華民國法務部政務次長 蔡碧仲先生（左）與本書作者莊銀清醫師（右）合影。

⬆ 中華民國法務部政務次長 蔡碧仲先生（左）與本書作者陳振興博士（右）合影。

推薦文

洪奇昌 先生

多倫多大學社區醫學研究所
碩士，臺大預防醫學研究所
碩士。歷任國民大會代表、
六任立法委員、前財團法人
海峽交流基金會董事長、現
任臺灣產經建研社理事長。

江山代有人才出，臺灣外泌體產業的先驅者

　　陳振興博士是我母校臺北醫學院醫學系學弟，並在美國約翰霍普金斯大學完成博士訓練，他是位非常優秀的醫學科學家（Medical Scientist），近年來更大力投入生技產業的研發。本書是他和前奇美醫院院長莊銀清醫生合著，書中將目前國外廣泛討論的生醫議題「外泌體（Exosome）」介紹給國人。

　　臺灣醫療體系的發展在制定全民健保法之後，讓臺灣醫療環境更健全而完整。臺灣已邁入高齡化社會，面對龐大的醫療需求與多元的疾病治療，生技醫療產業將是高科技半導體產業之外，臺灣另一具有國際競爭優勢的產業；也是政府大力培植的重點新興策略產業。

　　在現代醫學的進程上，因為分析化學和基礎生物化學的進步，得以發展出像類固醇和抗生素等小分子化合物，再加上疫苗免疫學的進步，使得人類生命得以顯著延長。但人們也漸漸了解到小分子化學藥的毒性，不是大部分病患可以承受的。這時候，現代細胞分子醫學和

免疫學單株抗體等蛋白質新藥，在過去十五年如雨後春筍般的發展，終於讓精準醫療大步前進。

在新藥治療的歷史軸線上，由植物藥到小分子化合物，再到蛋白質的大分子藥物，有長足的進步，但對退化性疾病和慢性發炎疾病，仍是一籌莫展。幸好，再生醫學，特別是幹細胞治療等細胞療法接續而生。在世界各國醫學科學家的呼籲下，相關政府醫療監管單位（包括臺灣），近年來也逐步制定相關規範，例如，「細胞藥」的時代終於來臨，民眾的醫療追求已經不只是疾病的治療，而是生命品質的提升，更多的預防醫學，提供了以延緩老化，恢復組織器官功能的「促進健康」為主軸的醫療。

在這個領域中，特別是外泌體（Exosome）的發現，尤顯重要，因為相對於早期的間質幹細胞（Mesenchymal Stem Cell Therapy），外泌體較容易製造保存，也沒有細胞異抗原，符合現代製藥的要求，但在大量GMP 製造，降低成本和批次品質管理，仍有改善的空間。另外，治療的劑量、時機和適應症，也有待更多的探索。相信臺灣多年來累積的生醫科技人才，必能在這些方面有所突破，進而發展成為重要的再生醫療，精準醫療產業，更可以藉此提升臺灣生技產業的核心競爭力與產值，與世界同步接軌。

莊教授銀清和陳博士振興都是生醫領域中耕耘多年的佼佼者，並在外泌體的研究卓著有成。現在論述為中文版本，詳細介紹外泌體發現的歷史，並在各疾病診斷治療方面的應用，條列說明清晰，相信能嘉惠大眾，所以樂為之序。

洪奇昌　醫師親簽
前立法委員·醫師

推薦文

陳郁秀 女士

法國國立巴黎音樂院鋼琴
（Prix de Piano）及室內
樂（Prix de Musique de
Chambre）第一獎畢業。歷
任國立臺灣師範大學音樂學系
主任、音樂研究所所長、藝術
學院院長、行政院文化建設委
員會主委、國家文化總會秘書
長、國家兩廳院董事長，現為
臺灣公共廣播電視集團董事
長、公視基金會董事長、中華
電視公司董事長。

前進健康臺灣

　　由於全球暖化的影響，導致氣候變遷，造成生態浩劫，地球的反撲也來勢洶洶，二〇二〇年開始，全人類正面臨最艱難的挑戰，COVID-19 持續在全球肆虐，世界各處頻傳水災及森林大火，許多考驗如排山倒海而來，讓我們措手不及。從各個層面思考如何對抗劫難所帶來的衝擊，是大家所關心的事情，而其中從現有科技尋找抗衡的手段，更是重中之重。我們要想突破困境，最重要的當然是人類的自我反思，及時行動，改變生活態度，尋求與大自然共生共存的法則，但即使如此，也似乎緩不濟急。值此當下，藉由科技的探索，將改變的因子植入我們的生活之中，幾乎是勢在必行；而生技產業的發展，不僅可促進醫療保健技術的進步，也正逐步引導我們在某方面找回生存之道。

　　專業需要專家及職人不斷的創新發明，但民眾的學習也必須與日俱增，跟進時代與環境變化的腳步。陳振興醫學博士與莊銀清院長兩位分別是生技、醫療方面的專家，兩人共同合作《神奇的外泌體》一書，深入介紹「外泌體」的功能，使非專業的社會大眾能夠了解，生技可為日

常生活的保健知識所運用，並在必要時，於醫師的診斷中，造福所有人的健康福祉！

　　臺灣擁有高品質的醫療服務，深厚的生醫研發能量，無論在醫療與科技等各方面都受到世界各國的注目與肯定，未來在厚植「健康臺灣」的國力，以及加速創新向國際前進的目標上，仍需要大家攜手共同努力！

陳郁秀　董事長親簽
前文建會主委‧公視、華視現任董事長

↑ 前文建會主委，公視、華視現任董事長 陳郁秀女士（右）與本書作者陳振興博士（左）合影。

蘇慧貞 女士

美國哈佛大學公衛學院環境
衛生科學所博士。歷任國立
成功大學工業衛生學科技環
境醫學研究所教授、國立成
功大學醫學院副院長、國立
成功大學工業衛生科暨環境
醫學研究所所長、國立成功
大學副校長,現為財團法人
高等教育國際合作基金會董
事長、國立成功大學校長。

臨床與基礎醫學合作,打造國家生技產業

　　莊銀清院長從一九八八年成大醫院開幕就擔任主治醫師,我則於返國進入成大醫學院工業衛生學科暨環境醫學研究所任教至今,期間兩人雖無直接的同事合作關係,有幸同為「成大人」。

　　莊院長是位兼具仁心仁術的優秀醫療工作者,更是著名的感染醫學專家,除了長年擔任「南區疫情指揮中心指揮官」,於第一現場貢獻所長,也時常針對如何提升臺灣的醫療生技產業發表高見,莊院長親身實踐的典範與充滿前瞻與建設性的想法,都讓我受益良多。

　　這本由他與陳振興博士合著的《神奇的外泌體》更是從社會傳播的需求,把在歐美受到矚目的外泌體解譯成書,介紹給一般大眾,而外泌體對未來的細胞治療亦扮演關鍵性的重要角色,相信以莊院長和陳博士的學養,對臺灣生醫產業的發展將有正面且積極的助益。

臺灣擁有傑出的醫療與科技人才，兩者的深度結合必能推動國家未來的重要產業計畫，因此，成功大學也與工研院進行跨領域技術合作，針對「細胞治療」、「運算醫學」兩大領域建構完整的學研合作示範平臺。細胞治療已是未來醫療主流，包括：細胞藥物量產製程、自體細胞治療應用、異體細胞治療研究；運算醫學則以整合資訊與醫學的方式，協助醫療產業進行精準分析、解決醫學和臨床研究中心的實踐問題，連結產學研醫跨域能量，期能與各界一起為臺灣打造具競爭力的下世代產業。

蘇慧貞　校長親簽
國立成功大學　校長

李昆達 先生

日本東京大學應用生命工學博士。歷任日本東京大學博士後研究員、國立臺灣大學農業化學系助理教授、微生物與生化學研究所副教授、生化科技學系暨研究所副教授，現為生化科技學系暨研究所教授。

帶來跨界 Impact
的外泌體

　　外泌體是動、植物細胞，甚至是微生物所產生，作為細胞之間以及物種間進行彼此溝通、生理調控之功能。近年來，外泌體被發現對人體健康可以扮演重要的角色，正成為一個重要的研究領域，相信本書可以為學術界，以及生技產業界帶來重大 Impact，讓我們共同投身相關研究與發展，促進人類的健康福祉！

李昆達　教授親簽
國立臺灣大學生化科技學系　教授

↑ 國立臺灣大學生化科技學系 李昆達教授（右）與本書作者陳振興博士（左）合影。

我從事外泌體方面的研究近二十年了，外泌體一直是被忽略的一個領域。經過科學家多年的研究發現，外泌體可有效誘導細胞增生，有效修復受損的神經細胞。雖然外泌體有很好的功效，但當前大多民眾對外泌體還比較生疏。當我得知莊銀清院長和陳振興博士兩位願意投入心力撰寫本書來教育大眾對於外泌體的認識時，我深感欽佩，整理了一篇關於外泌體的文章，希望能作為一般民眾和專業人員及政府決策單位的參考文獻。

杜元坤　院長親簽
高雄義大醫院　院長

杜元坤 先生

成功大學醫學工程博士，國際外科院士，現任高雄義大醫院院長。臺灣顯微及臂神經叢手術先驅，世界手外科學會推舉擔任臂神經叢手術世界領袖，二〇一八年獲國際人道醫療獎。曾獲臺灣醫療典範獎、南臺灣特殊醫療奉獻獎、臺北醫學大學學術成就傑出校友獎、成功大學傑出校友獎，也曾入榜世界外科博物館（芝加哥）名人榜。甫獲得第二十九屆臺灣醫療奉獻獎。

⬆ 左起：高雄義大醫院副院長 林俊農、本書作者莊銀清醫師、高雄義大醫院院長 杜元坤、本書作者陳振興博士，於高雄義大醫院合影。

外泌體功能更勝於幹細胞

自創杜氏刀法，研究幹細胞

我是一名外科醫師，專攻骨科，在長庚醫院體系歷練長達二十年，在擔任外科部長時，接受義聯集團創辦人林義守邀請，來到新成立的義大醫院。在這裡，讓我有自由的發揮空間，我致力創新，突破傳統的窠臼，挑戰各種不可能，開發各種術式。我獨創的杜式刀法聞名遐邇，許多中北部病患專程南下找我看病，甚至日、韓、香港等地的醫師會專程過來「跟刀」學習。

我雖出身骨科，但挑戰的精神致使我跨界整形外科、神經外科微創手術，甚至還投入到最新的細胞療法中，研究脊髓損傷（SCI）的治療。利用鼻腔幹細胞（OEC）來培植出可以促進神經再生的細胞，將幹細胞再生與杜氏刀法的外科手術相結合，從杜氏刀法到杜氏療法，以提升療效。研究中完成三百多篇論文，其中關於幹細胞的研究更是獨步全球。

當前，幹細胞和再生醫學的研究已成為自然科學中最為引人注目的領域。幹細胞是一類具有自我再生能力的多潛能細胞。在一定條件下，它可以分化成多種功能細胞。理論上，任何組織器官出現了損傷，都可以由幹細胞來進行修復。基於這樣的理論基礎，現代醫學認為，幹細胞將廣泛的應用在各種各樣的疾病治療領域，以幹細胞為代表的現代生物科技，正帶領人們走向細胞新時代。

外泌體更勝幹細胞

再生醫療的研究一日千里，亦是現今醫學領域之中最是當道與顯學的話題。許多人對於幹細胞應用於以取用自體細胞來治療自身疾病的期待，懷抱著非常大的希望。但是經過多年研究證實，用幹細胞所培養萃取出的細胞外泌體，是目前有最高效作用的奈米物質。幹細胞雖然有其一定的修復功能，然而幹細胞培養後存活率低（僅 5% 左右存活），且在人體試驗中，由於體外培養時間不定，純度鑒定標準不一等因素，雖然安全但成功率相當不定。我們團隊研究進一步發現，透過細胞外囊泡（Extracellular Vesicle, EV）中的外泌體（Exosome）培養，將可讓神經細胞的活力更為有效。這項發現也已於二〇二〇年七月二十三日發表於期刊《神經學研究》（*Neurological Research*）中，也是世界首篇有關 OEC-EV 及其對神經元再生的研究發表。

幹細胞與細胞外泌體　雞湯 vs 雞精

舉例來說，幹細胞是一種未充分分化的細胞，具有自我再生能力與生成各種組織跟器官的潛能。目前多數方法是從患者身體中取出幹細胞，經培養後以注射的方式導入血液中，再自我導航至受傷部位，使其進行作用於自主修復。然而在實際應用上，幹細胞的培養及保存相對不易；而且是否能真正順利修復受損部位，還有待佐證，所以一定要慎重評估安全性與有效性。

外泌體是細胞外囊泡的一部分，大小約 30 到 150 奈米，由不同細胞所分泌，可以在人體各種體液中發現。外泌體充滿各項生物反應物質，包括 DNA、mRNAs、miRNAs 以及蛋白質。因為可以傳送這些生物反應物質，外泌體是細胞間溝通的重要傳訊者。外泌體有雙層脂質保護蛋白質

和 RNAs 等內含物，可以持續在細胞外存在而不被降解。外泌體被分泌之後，可以進入相鄰的目標細胞，或經由體液到達遠處的細胞。已有證據顯示，目標細胞會透過胞噬作用、細胞膜融合、細胞受體將外泌體送入細胞內。這些證據促使外泌體在不同病理生理領域，成為訊息傳遞、生物指標以及治療指標的生物研究焦點。

幹細胞與外泌體區別

	細胞	細胞外泌體
生產	細胞培養個體差異大 品質不一	細胞外泌體生產品質 可控制
保存	冷凍保存使用前須復甦培養	製劑保存 可直接使用
運送	運輸過程中溫差可能影響 細胞活性	運輸過程中品質穩定
治療	單位體積 可注射細胞數有限	單位體積 可注射濃縮細胞外泌體
治療特色	組織細胞修補 生長因子	免疫調節 調控細胞生長 可通過血腦屏障

如果用簡單易懂的方式比喻細胞外泌體和傳統的幹細胞，就好比是雞精跟雞湯；外泌體如同雞精，而幹細胞就像雞湯；在濃度及作用上，雞精的功用當然是更勝雞湯。

外泌體幫助神經創傷修復

研究中發現外泌體具有能刺激神經復原的能力，甚至可促進脊髓損傷後之神經前驅細胞（Neural Precursor Cells, NPC）的移行（Migration）。團隊過去針對臂神經叢損傷，發明了 CC7 神經繞道手術，將健康手臂的神經接到受傷的手臂，讓臂神經叢受傷的患者得以恢復。經過三十年的不斷改良，目前成功率達到 85% 以上。以此基礎，同樣以神經繞道用於脊椎損傷治療時，也得到很好的結果。

不過，為了讓脊髓損傷（SCI）的治療更進一步，研究團隊又利用鼻腔幹細胞（OEC）來培植出可以促進神經再生的細胞，透過結合幹細胞再生與杜氏刀法的外科手術，以提升療效。結果表明，分子直徑只有 30-150nm 的細胞外泌體更能夠誘導細胞增生，也確實能大幅提升修復力，多年來在國際上已有發表，研究者亦獲二〇一三年諾貝爾獎的殊榮。

在眾多細胞科學研究領域中，尤其以神經幹細胞的病理與學理研究更是艱難與深奧，我們經過多年持續不斷的努力，發現了強大的細胞外泌體對於神經增生性及修復力，同時也是全球第一人將此論點發表國際期刊上。（Yuan-Kun Tu & Yu-Huan Hsueh（2020）Extracellular vesicles isolated from human olfactory ensheathing cells enhance the viability of neural progenitor cells, Neurological Research, 42:11, 959-967）。細胞外泌體能非常有效的進行神經創傷修復，對於神經損傷的治療與應用，將是神經再生醫學的重大突破與重要關鍵。

跨領域合作，
共同提升生醫的發展

莊銀清 醫師‧講座教授

　　行醫四十年來，我最主要的專科是感染症，個人感染症的醫學訓練是在臺北榮民總醫院，訓練完成後到臺南成功大學醫學院附設醫院擔任感染科主治醫師，對感染症的臨床、教學、研究方面開始產生濃厚的興趣。在擔任感染科醫師期間，除了診治一般的感染者之外，其中有很大比例是所謂的免疫力低下的患者，特別是癌症患者會有各式各樣的感染，所以在臨床經驗中可以產生很多的研究題材。

　　後來，我有機會到柳營奇美醫院擔任院長的職務，服務時間長達七年半。奇美醫院是一個相當特殊的醫院，除了各科別完整，最特別的是有來自全國的各式各樣的癌症病人到這裡治療。我注意到這些癌症病人，除了一般的常規療法外，也都會嘗試幹細胞或是免疫細胞治療，讓我發現，新型態的癌症療法值得發展研究。所以，我就在全國各地幫忙做整合幹細胞，還有研究細胞治療。

　　很幸運得到一位醫院董事的資助經費，在研究細胞治療過程中，我接觸到外泌體的領域，覺

醫師莊銀清

得它的應用範圍層面非常廣泛，於是對外泌體產生興趣，開始查閱大量國外期刊文獻，得知外泌體許多的神奇功能，更肯定外泌體對未來醫療產業將會產生革命性的影響。

外泌體是一個嶄新的醫療成分，不論是細胞增生，修復損壞的細胞到抗衰老，都可發揮強大的作用，但臺灣社會大眾對外泌體是相對陌生的。所以，我希望藉由這本書籍的出版發行，可以讓普羅大眾認識外泌體。

外泌體具有非常多令人驚豔的功能，它有細胞跟細胞之間傳遞的物質特性。當身體的器官出了問題，它就會傳遞出生病的訊息，讓患者可在早期就可獲得正確的病症診斷，不致延誤病情。同時，外泌體在治療上也可扮演重要的關鍵角色。最重要的是，外泌體可做為藥物載體。所以，外泌體最重要的三大角色就是：**診斷、治療、藥物載體**。

在臺灣，外泌體還是一個新穎的題材，不管在研究或是開發應用在產業上，尚有很大的努力空間。由於外泌體可以觸及相當多領域，發展前景不可限量，我相當看好外泌體將是未來醫療的新希望，值得科學界、醫學界、生技界和政府單位，投入更多人力和資金研發，不僅可以提升國內生醫的發展，更能造福廣大的人群。

因此，我起心動念，決定將外泌體的研究編撰成書籍。藉由這本書籍，我希望讓讀者對外泌體有基本的認知和了解，同時也希望讓往後的醫學界或學術界能延續外泌體的研究與發展，為臺灣的外泌體科學邁進一小步。最後，能完成這本書，要感謝很多人。我要特別感謝陳振興博士與其團隊的合作，以及杜元坤院長的鼓勵，為我的研究上給予寶貴的經驗與意見，並讓陳振興博士及其團隊的研究和我的研究可以互相呼應，進而互相交流而結合在一起！這一本書的完成就是二個團隊合作的第一個具體成果，希望這樣的合作可以發揮一加一大於二的效果，進而更促進外泌體領域的進展！

⬆ 中華民國第十五任總統 蔡英文女士（左）與本書作者莊銀清醫師（右）合影。

⬆ 中華民國第十五任副總統 賴清德先生（左）與本書作者莊銀清醫師（右）合影。

外泌體將是未來生醫產業的明日之星

陳垣崇　醫師・醫學博士

　　十幾年前，我剛開始接觸到幹細胞的研究，在研究過程中了解到幹細胞在進化的過程中，會分泌一部分的外泌體。當年不管是醫療界或是生技界，對外泌體的知識還是相當有限，只把外泌體當做是幹細胞進化過程中的一個廢棄物。隨著時間的演變，經過多位學者專家的投入研究發現，外界對外泌體的認識愈來愈多，也才發現外泌體多項強大的功能，所以我逐漸把重心從幹細胞轉移到外泌體研究。

　　外泌體可說是未來生醫產業的明日之星，但是對於普羅大眾來說，外泌體還是很陌生的成分，於是我興起寫書的想法，希望透過行業內的專家，將外泌體做有系統的介紹，來帶動臺灣對外泌體產業的重視，未來有更多的發揮的空間。

　　傳統藥物的載體大都是透過脂體來完成，但是脂體分子較大，所以進到細胞後，發揮的藥效有限；但是外泌體分子細小，具有精準、靶向性高的特色，所以藥物進到身體後，更能完整發揮藥效。再來，過去我們知道幹細胞對組織細胞的修復功能強大，其中外泌體就是扮演了重要關鍵角色。

外泌體在未來醫療產業將會扮演一個非常重要的角色，從疾病的診斷到治療，世界多個國家都投入相當的資金與人力做研發，臺灣目前對外泌體的研究還在起步階段。所以，這是我寫這本書的目的，一方面是讓社會大眾認識外泌體，另一方面給對這個領域有興趣的科研初學者，幫助他們能夠做更深入的研究，讓這個產業有更多人加入，也希望政府有關單位能夠重視醫藥產業的扶植，透過這本書來讓官方決策人員做參考，讓他們能夠重視外泌體這個產業。

這本書從收集資料到撰寫得以完成，首先我要感謝與我共同執筆的莊銀清院長，他在繁忙的工作外，與我一起花了相當多時間和心力來投入，也感謝背後的書籍策劃小組，包括臺灣公司的玫玲、佑丞、雅玟、世賢、偉嘉、啟皓、容琦；中國大陸公司的彩虹、占奪、玉娟、淑真、又甄；也要特別感謝義大醫院的杜元坤院長給予這本書他的精心著作與非常多的專業建議，讓我受惠良多，讓這本書增加更多專業性和可看性。

1973 年 諾貝爾物理學獎得主 伊瓦爾・賈艾弗 Ivar Giaever

- 美國物理學家
- 美國倫斯勒理工學院院長
- 1973 年，與江崎玲於奈（Leo Esaki）和喬瑟夫森（Brain David Josephson），因分別發現超導體和半導體中的隧道效應、預言「喬瑟夫森效應」的實驗現象，共同獲得諾貝爾物理學獎。

1984 年 諾貝爾物理學獎得主 卡羅・盧比亞 Car lo Rubbia

- 義大利科學家
- 義大利帕維亞大學教授
- 1984 年，與范德梅爾（Simon Van Der Meer）因發現玻色子 W± 和 Z0 所起的決定性作用，共同獲得諾貝爾物理學獎。

1988 年 諾貝爾化學獎得主 哈特穆特・米歇爾 Hartmut Michel

在烏茲堡大學取得博士學位。1987 年起在馬克斯・普朗克研究工作。因確定了光合作用反應中心複合體的立體結構，1988 年獲得諾貝爾化學獎。

1994 年 諾貝爾經竟學獎得主 約翰・納許 John Forbes Nash Jr.

任普林斯頓大學數學系教授。1950 年，約翰・納許獲得美國普林斯頓高等研究院的博士學位，他那篇僅僅二十七頁的博士論文中有一個重要發現，就是後來被稱為「納許均衡」的博弈理論。在經濟博弈論領域，他做出了劃時代的貢獻，是繼馮・諾依曼之後，最偉大的博弈論大師之一。納許均衡的概念，在非合作博弈理論中起著核心的作用。

1996 年 諾貝爾物理學獎得主 道格拉斯・奧謝洛夫 Douglas Dean Osheroff

1987 年至今擔任史丹佛大學物理學教授，曾獲得多項研究獎項，包括法蘭西斯・賽門紀念獎，麥克阿瑟獎，美國物理學會凝聚物理最高獎奧立弗・巴克爾獎。

1988 年 諾貝爾化學獎得主 羅伯特‧胡伯爾 Rober Huber

- 德國馬普學會生物化學研究所 生化研究院負責人
- 英國皇家學會外籍會員
- 美國科學院外籍院士
- 第三世界科學院特邀院士
- 德國化學科學院院士
- 生物化學科學院院士

1999 年 諾貝爾物理學獎得主 馬丁努斯‧威爾特曼 Martinus J. G. Veltman

1966 年出任荷蘭烏特勒支大學理論物理學教授，1981 年轉至美國安那堡市密西根大學任職，1999 年獲得諾貝爾物理學獎。

1999 年 諾貝爾經濟學獎得主 羅伯特‧蒙代爾 Rober A Mundell

- 美國哥倫比亞大學教授
- 女媧亞太基金會國際資深顧問
- 世界品牌實驗室（World Brand Lab）主席
- 「最優貨幣區理論」奠基人，被譽為「歐元之父」。

2004 年 諾貝爾物學獎得主 大衛‧格羅斯 David Gross

美國加州聖塔芭芭拉分校 UCSB 教授。格羅斯在量子場論夸克漸近自由過程中，獲得了開創性的發現。

2006 年 諾貝爾物理學獎得主 喬治‧斯穆特 George Fitzgerald Smoot III

- 美國加州柏克萊分校物理學教授
- 天體物理學家、宇宙學家
- 2003 年曾獲頒愛因斯坦獎。
- 與約翰‧馬瑟音「發現了宇宙微波背景輻射的黑體形式和各向異性」，共同獲得諾貝爾物理學獎。

Chapter 1 未來醫學的新希望──外泌體

Chapter **2** ## 外泌體的培養及提取技術

Chapter **3** **外泌體的鑑定及保存方式**

Chapter **4** **外泌體的功效及應用**

Chapter **5** # 外泌體在保健食品的運用

Chapter **6** # 外泌體在護膚產品的應用

未來醫學的新希望
——外泌體

1

小囊泡大學問

外泌體（Exosomes）近年成為國內外醫療產業的焦點，由於它具有比傳統幹細胞更多的優勢，使它成為未來醫療科技的新主流，從癌症、神經系統、呼吸系統、泌尿系統等多項疾病檢測治療，到成為中西藥的載體、保健食品、護膚保養品，外泌體都能達到相當成效。隨著更多資金和人力投入的研發，儼然成為未來醫學的新希望。

外泌體的定義

這個主導未來醫藥產業的新成分——外泌體，對一般大眾尚屬陌生。到底什麼是外泌體呢？外泌體是由細胞內多囊體（Multivesicular Body, MVB）與細胞膜融合後，釋放到細胞外基質中的一種直徑約 30-150 奈米（nm）的胞外囊泡（Extracellular Vesicles, EVs）。簡單說，外泌體是屬於一種包含複雜的去氧核糖核酸（Deoxyribonucleic Acid, DNA）、訊號核糖核酸（Messenger Ribonucleic Acid, mRNAs）、小分子核糖核酸（Micro Ribonucleic Acid, miRNAs）、熱休克蛋白 90（Heat Shock Protein 90, HSP90）和熱休克蛋 70（HSP70）等，以及蛋白質的小囊泡，可作為訊號分子的載體，促進蛋白質、脂質、mRNA、miRNAs 和 DNA 的傳輸與疾病的發展，參與生理和病理過程的訊號傳遞。外泌體組成的成分和功能決定於分泌的細胞種類，可以反應當時個人生理病理狀態和細胞的微環境（Microenvironment）影響。

外泌體是科學家在研究網織紅細胞（Reticulocyte）轉變成熟紅細胞過程時發現，經過多年研究後，學者又發現除了網織紅細胞以外，T 細胞、B 細胞、血小板、樹突細胞（Dendritic Cell, DC）、肥大細胞（Mast Cell）、血細胞及上皮細胞、腫瘤細胞，在正常及病理狀態下都可分泌外泌體，被分泌出的外泌體會進入人體血液、唾液、尿液、腦脊髓液及乳汁等體液中，透過循環系統到達其他細胞與組織，產生遠端調控作用。

外泌體的具體形成機制，目前不是十分清楚，但有研究學者認為，不同類型的細胞形成外泌體的過程可能大同小異。細胞通過內吞作用（Endocytosis），產生了小囊泡，小囊泡融合形成早期核內體（Early Endosome），並逐漸變為晚期核內體（Late Endosome），隨著胞質內 miRNA、酶（Enzyme）、熱休克蛋白（Heat Shock Proteins, HSPs）等一些物質的進入，晚期核內體會產生很多小囊泡（Intraluminal Vesicles, ILVs），並逐漸演變成多泡體。當這些小囊泡被釋放到細胞外，便形成外泌體。

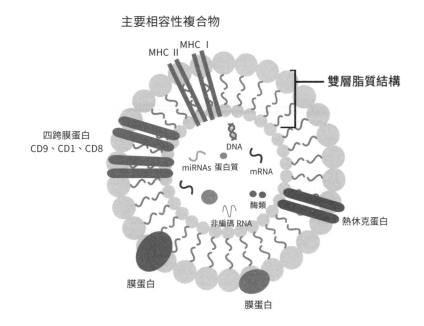

外泌體的組成

外泌體由蛋白質、核酸、脂質組成。科學家從 286 項研究發現外泌體含有 41860 種蛋白質，2838 種 microRNA，3408 種 mRNA。常見的細胞質蛋白是 Rabs 蛋白，屬於鳥苷三磷酸（Guanosine Triphosphate）家族的一種，可以調節外泌體膜與受體細胞的融合。

▶蛋白質
常見的蛋白質有以下幾類：

1. **與生物發生機制有關**：如膜蛋白和 Rab 蛋白，可促進多囊體與細胞膜的融合及外泌體的釋放；Tsg-101 及附屬蛋白質 Alix 參與內體蛋白分選轉運裝置（Endosomal Sorting Complexes Required for Transport, ESCRT）過程，促進內體膜的凹陷。

2. **含有參與抗原呈遞的蛋白質**：如分化簇 1（Cluster of Differentiation1, CD1）、第一型主要組織相容性複合物（Major Histocompatibility Complex Ⅰ, MHC–Ⅰ）和第二型主要組織相容性複合物（Major Histocompatibility Complex Ⅱ, MHC Ⅱ），在免疫調節中發揮重要作用，MHC Ⅰ 還參與向 T 細胞呈遞抗原的生理過程。外泌體表面存在熱休克蛋白，如 HSP70 和 HSP90，促進了抗原肽與 MHC Ⅰ 及 MHC Ⅱ的結合。

3. **含有信號轉導蛋白**：如 G 蛋白和蛋白激酶。

4. **含有蛋白水解酶**：顯示外泌體能夠促進細胞轉移。

5. **含有細胞質微管蛋白、肌動蛋白和肌動蛋白結合蛋白**：目前未發現外泌體含有與內質網、高爾基體（Golgi Apparatus）和細胞核相關的蛋白質。

6. 特定腫瘤細胞分泌特定的蛋白質：如腸胃道間質瘤（Gastrointestinal Stromal Tumor, GIST）分泌的外泌體，富含特定蛋白質可成為診斷標記物，包含：KIT、CD34、ANO1、PROM1、PRKCQ、ENG。

►核酸

外泌體含有大量核苷酸，目前已經發現 DNA、RNA、miRNA 及非編碼核糖核酸（non-coding RNA, ncRNA）等，特性如下：

1. 在外泌體中 mRNA 為功能性 RNA，傳輸到目標細胞後可以被轉化成蛋白質外泌體中的 miRNA，如 let-7、miR-1、miR-15、miR-16、miR-151 和 miR-375，在血管新生、胞吐作用（Exocytosis）、腫瘤發生等過程中發揮重要作用。

2. 外泌體富含腫瘤轉移有關的 miRNA，如來自於乳腺癌細胞系的人類正常乳腺細胞 10A（Michigan Cancer Foundation 10A, MCF-10A）和轉移性乳腺癌細胞 MDA-MB-231（MD Anderson-Metastatic Breast-231）的外泌體富含 miRNA-105，可減少內皮細胞中 ZO-1 基因的表達，促進乳腺癌向肺和腦的轉移機率。

3. 外泌體中的 miR-21 和 miR-29a 可作為配體與免疫細胞受體（Toll-like Receptors）結合，啟動免疫細胞。

4. 外泌體 miRNA 可作為生物標記物輔助疾病的臨床診斷，例如 let-7a、miR-1229、miR-1246、miR-150、miR-21、miR-223 和 miR-23a，可作為診斷結腸直腸癌的生物標記物；miR-21 和 miR-181a-5p 可以判別甲狀腺乳頭癌（Papillary Thyroid Cancer）及濾泡性甲狀腺癌（Follicular Carcinoma）；miR-1290 和 miR-375 可用作診斷前列腺癌預後的生物標記物。

►脂質

外泌體脂質成分包括：鞘磷脂（Sphingomyelin）、膽固醇、神經節苷脂 GM3（Ganglioside）、飽和脂肪酸、磷脂醯絲氨酸（Phosphatidylserine）和神經醯胺。與其它來源細胞的細胞膜比較，外泌體膜表面的磷脂醯膽鹼（Phosphatidylcholine）和二醯基甘油（Diacylglycerol）含量降低，但表面富含磷脂醯絲氨酸，有利於受體細胞內化，在生物功能方面發揮重要作用。

外泌體的分類

細胞外囊泡（EV）是細胞主動釋放的奈米級囊泡，根據來源、大小與生物學特性主要分為三類：外泌體、微囊泡、凋亡小體。

細胞外囊泡	大小（nm）	密度（g/ml）	來源
外泌體	30～150	1.13～1.18	核　體
微囊泡	200～2000	1.16～1.19	細胞質膜
凋亡小體	500～2000	1.16～1.28	細胞質膜內質網

外泌體根據是否經過人工修飾可分為「天然外泌體」和「工程外泌體」。天然外泌體另可分為「動物源性外泌體」和「植物源性外泌體」，不同來源的外泌體各有不同用途和特性，應用在不同領域。

►工程外泌體

以基因工程和化學方法改造的外泌體，大都可用於藥物靶向遞送。優點為低毒性、低免疫原性和高穩定性，有望用於多種疾病的無細胞療法。有研究指出，將外泌體中裝載抗癌藥物（5-FU）以及基因片段

（miR-21i）治療結直腸癌，一方面降低癌症抗藥性，一方面減少癌細胞增殖，加速癌細胞凋亡。雖尚處實驗階段，但仍為外泌體的治療方向帶來一線曙光。

▶動物源性外泌體

可區分為正常外泌體和腫瘤外泌體，前者來自體液和細胞所分泌的外泌體，應用層面寬廣；後者來自腫瘤細胞，可運用在癌症檢測治療。

▶植物源性外泌體

從植物細胞中分離出的類外泌體奈米顆粒（Plant Exosome-like Nanovesicles, PELNVs），有與哺乳動物細胞相似的特性和分泌模式。相較動物來源和人工合成的奈米囊泡，PELNVs 在藥物傳遞上不管是生物相容性、穩定性、體內分布、延長半衰期和細胞內化等方面都表現出顯著的優勢。另外，還具有體積小，組織穿透性強等優點，在不同酸鹼度和溫度下能維持較好的理化穩定性，成為有效的藥物載體，具有降低肝損傷和腸道疾病的作用。

醫藥保健新契機

外泌體的廣為應用是近十年來的醫學新契機。學者發現，外泌體在很多生理病理上有著重要的作用和影響，主要集中在腫瘤轉移、腫瘤免疫、診斷、心血管、幹細胞方面、組織損傷的修復、神經退化性疾病、腦與脊髓創傷、中風、學習障礙、帕金森氏症、阿茲海默症、心肌梗塞、肌肉萎縮症等疾病。外泌體的內含物通常可反應來源組織的疾病狀態。研究人員發現，腫瘤來源的外泌體包含眾多能夠引發腫瘤轉移的因子，透過外泌體表面所含蛋白抗原（Proteantigen）的分析，未來將是監測疾病發

生、演變以及確定治療方法的主要途經。

　　幹細胞療法曾掀起熱潮，但外泌體的特性與優勢讓專家學者更看好它，主要是外泌體具有抗發炎、易保存、分子小、與其它細胞相容的多種優點，使得國內外醫學專家紛紛投入外泌體的研究與商品開發。除此之外，外泌體可應用於護膚品與保健食品，是未來不可忽視的商機。由於外泌體具有良好的再生與修復效果，不僅在臨床上用於燒傷、皮膚潰瘍、創傷等受損皮膚的修復治療，並且在改善膚質，修復衰老皮膚等也有功效。

　　研究發現，外泌體參與皮膚生理及病理的過程，調節皮膚微環境中促炎細胞因子分泌，促進皮膚缺損處血管新生及膠原蛋白沉積，以及調節皮膚纖維細胞增殖分化，促進創傷的癒合，抑制疤痕的形成等，應用於護膚美容產品上，將是愛美女士的福音；而外泌體保健食品，更被視為是市場上耀眼的明日之星，從醫藥保健到美容護膚，可以預期外泌體將對產業帶來革命性的影響與巨大貢獻。

外泌體功能

　　隨著外泌體研究的蓬勃發展，外泌體在臨床醫學中將扮演重要角色。由於外泌體具備核酸和蛋白，可參與細胞間的傳遞，影響受體功能；並可用於檢測診斷疾病進展，作為標記物；外泌體同時具備傳輸生物分子的功能，可作為理想的藥物傳遞載體，將分子包裹在胞膜內；外泌體的來源多元化，更可活化人體免疫系統，加上再生修復特性，被視為治療神經系統受損疾病的希望。由此可見，外泌體所具備的多項功能，將成為未來醫療產業的契機，勢必成為下個十年的醫藥聚焦所在。

參與細胞間訊息的交流

　　外泌體作為細胞間訊息交流的載體，可將蛋白質、核酸和脂質從原本細胞轉移到相鄰或遠處的細胞，影響受體細胞的功能，包括：細胞因子的產生、細胞增殖、細胞凋亡和代謝等。外泌體經由直接或間接遞送細胞間的行為，有四種不同的交流方式。

▶細胞間相互影響
　　外泌體源自晚期內體膜的向內出芽，過程產生多囊泡內體（MVE），這些囊泡提供廣泛的生物學和遺傳訊息，並改變接受這些囊泡的受體細胞的表型。由於體積小，外泌體容易從起源部位轉移到血清和其他體液中，因此影響相鄰細胞的行為，親代細胞（Parent Cell）的微環境以及遠處細胞組織的表型，並產生全身效應。

▶調節外泌體和受體細胞的膜融合

研究發現，外泌體相關蛋白可直接調節外泌體和受體細胞膜上的蛋白結合並融合，例如：合胞素 1 與合胞素 2（Syncytin-1, Syncytin-2）與胎盤衍生外泌體的細胞融合，並且對兩種膜蛋白、脂質、同向溶血磷脂膽鹼轉運蛋白 2（Major Facilitator Superfamily Domain-containing Protein 2, MFSD2A）和中性氨基轉運蛋白 2（Alanine Serine Cysteine Transporter 2, ASCT2）具有高親和力，可作外泌體與其受體細胞質膜的融合。

▶內吞作用

外泌體上的表面蛋白與目標細胞膜上的表面蛋白（CD29/CD81），內吞作用可以通過至少四種不同的攝取途徑發生，包括：依賴膜囊、依賴網格蛋白的胞吞作用、微胞飲作用、吞噬作用。專業吞噬細胞的外泌體主要受吞噬作用調節，透過抑制動力蛋白抑制吞噬作用可以減弱過程，外泌體透過蛋白質或受體相互作用粘附在細胞表面，以啟動激活不同內吞作用途徑的訊號反應。

▶旁分泌（Paracrine）訊號傳導

在旁分泌機制中，外泌體釋放的因子通過特異性機制，直接粘附到受體細胞的表面，以發揮相互調節與協調轉移作用。這個機制對於外泌體的療法具有重要意義。

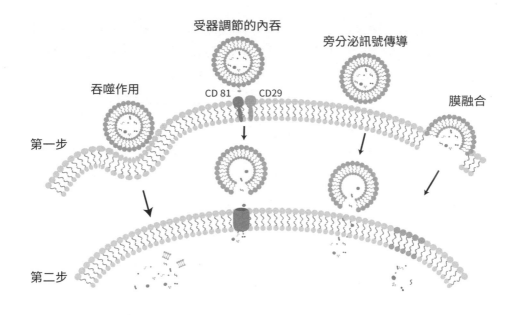

受器調節的內吞

旁分泌訊號傳導

吞噬作用

CD 81　CD29

膜融合

第一步

第二步

調節免疫反應

　　人體免疫系統是項複雜的生理機制，外泌體來源多元，可以活化調節人體免疫系統，在調節 T 細胞、髓源性抑制細胞（Myeloid-derived Suppressor Cells, MDSCs）和巨噬細胞等細胞的擴增方面具有重要作用。由於外泌體可以透過直接或交叉呈遞方式，向 T 細胞傳輸抗原肽 MHC 複合物，介導具對抗原的免疫反應而活化 T 細胞。被細菌感染的巨噬細胞所分泌的外泌體可以調節免疫反應，刺激巨噬細胞和嗜中性粒細胞（Neutrophilic Granulocyte）分泌促炎症因子，像是腫瘤壞死因子（Tumor Necrosis Factor, TNF）與調節因子（RANTES），而外泌體內的 TNF 可以誘導上皮細胞，分泌促炎細胞因子（Inflammatory Cytokine）中的單核細胞趨化蛋白 1（Monocyte Chemotactic Protein-1, MCP-1）與白細胞介素 8（Interleukin-8, IL-8），在免疫反應中發揮關鍵作用。

樹突細胞（Dendritic Cell, DC）是近年來醫療界視為抗癌的明日之星，而由樹突細胞所分泌的外泌體（Dex）是由免疫系統的抗原呈現細胞分泌的奈米級膜囊泡，分子組成包括：主要組織相容性複合體 MHC-Ⅰ、MHC-Ⅱ、T 細胞共刺激分子，可啟動抗腫瘤免疫反應，與傳統免疫療法相較具有明顯的優勢。

另外也有研究顯示，源於自然殺手細胞（Natural Killer Cell, NK Cell）的外泌體能夠透過細胞毒殺效應（Antibody-dependent Cell-mediated Cytotoxicity, ADCC）影響黑色素瘤細胞的生長；源於白血病細胞的外泌體可以透過下調腫瘤生長因子 - β（Tumor Growth Factor- β, TGF- β），增加樹突細胞的功能。

疾病診斷標記物

外泌體可以從血清、尿液、乳汁、唾液等體液中簡單取得，成為諸多疾病的診斷標記物，例如：外泌體內有癌細胞的 DNA、RNA、蛋白質等因子。因此，外泌體可以作為癌症的診斷工具。在胰臟癌患者的研究中顯示，細胞表面蛋白多糖磷脂醯肌醇聚糖 -1（Glypican-1, GPC1）在患者血液外泌體中含量豐富，患者血清外泌體中 GPC1，能夠準確診斷出早期胰臟癌。

膠質母細胞瘤（Glioblastoma Multiforme, GBM）患者腦部和血液外泌體中的 DNM3、p65、p53 會產生變異，因此可作為此病症潛在臨床診斷；多發性骨髓瘤（Multiple Myeloma, MM）患者血清的外泌體中帶有 miRNA 中的 let-7b 和 miR-18a，可作為這個疾病的分子標記物。可見以外泌體為基礎的診斷檢測，在癌症病情發展過程中，達到及時監測分子標記物的變化。比起重複的組織活檢，這種採集血液樣本的檢測，更容易收集樣本，也更容易監控疾病的進展。

外泌體中的 miRNA，同樣在神經系統疾病的診斷上扮演重要角色。研究顯示，腦中風患者的 miRNA 會產生變化，研究人員從五十位腦中風患者中採集血樣分析後發現，與對照組相比，患者的外泌體 miR-223 明顯提升，同時預後不良患者的 miR-223 也高於預後良好的患者，可證明 miR-223 的表現與腦中風輕重程度有密切關係。

阿茲海默症（Alzheimer's Disease, AD）是一種不易早期診斷出的神經退化疾病，如今透過 miRNA 的檢測可診斷出此症。專家透過即時聚合酶連鎖反應（quantitative Real Time Polymerase Chain Reaction, qRT-PCR）方式對患者的外周血（Peripheral Blood）進行分析後發現，與對照組比較，患者外周血外泌體 miR-135a 和 miR-384 均呈現上揚，而 miR-193b 卻下降。另外學者也從實驗中發現，AD 患者腦脊髓液的外泌體 miRNA 中的 miR-16-5p、miR-125b-5p、miR-451a 和 miR-605-5p，與對照組相比均呈現出差異。因此，外泌體可作為診斷評估患者的有效生物標記物。

藥物傳輸的載體

外泌體分子結構小，生物相容性高，可傳輸脂質、蛋白質、DNA 及 RNA 等物質，可說是最佳天然的內源性奈米載體。使用外泌體作為藥物載體，可結合細胞和奈米技術的雙重優勢，包含更易儲存且安全性較高，不會在體內不同部位沉積導致免疫排斥；可提高藥物的穩定性，保護核酸在運輸過程中不被核酶水解；奈米級分子，具有較強穿透各種生物屏障的能力；具有基於供體細胞的天然靶向能力。

在臨床上使用外泌體傳輸治療性藥物，須注意穩定性且能通過正常的給藥途徑進行傳送。

目前臨床上的傳送方法有下列五種：

►靜脈注射

為現今最廣泛的給藥途徑，尤其是在癌症的治療，原因為腫瘤中有滲漏血管且缺乏適當的淋巴引流，以靜脈方式較能達到良好效果。

►瘤內注射

在腫瘤內注射載藥外泌體可成功減小腫瘤體積，採用直接注射可確保治療劑的完整遞送，尤其是腦部疾病，可免於侵入性手術的損害。

►鼻腔給藥

外泌體可通過鼻腔，以非侵入的方式透過血腦屏障（Blood-brain Barrier, BBB）進入腦部，還可抑制腦炎和癌症。

►口服

從葡萄中提取的外泌體奈米囊泡經過口服進入體內，可以誘導腸道幹細胞增殖。

►腹腔注射

含有薑黃素的外泌體採用腹腔注射後，可增加薑黃素的抗感染活性。

修復受損組織

間充質幹細胞（Mesenchymal Stem Cell, MSC）所分泌的外泌體由於具備強大的再生能力，近年來已用於多項疾病的治療，尤其是在腦中風與車禍後的腦部受損。MSC 可以分泌多種神經因子來刺激內源性腦修復過程，主要分泌的神經因子包括：肝細胞生長因子（Hepatocyte Growth Factor, HGF）、血管內皮生長因子（Vascular Endothelial Growth Factor, VEGF）、神經生長因子（Nerve Growth Factor, NGF）、腦源性神經營養因子（Brain-derived Neurotrophic Factor, BDNF）、鹼性成纖維細胞生長因子（Basic Fibroblast Growth Factor, Bfgf, FGF-2）、胰島素生長因子 1（Insulin Growth Factor-1, IGF-1）等。這些因子的特殊性可以使用在基因工程修復上，透過靜脈移植或移植入腦受損部位，修護神經受損部位，發揮再生功能。

綜觀以上外泌體的五大功能，從診斷、治療、再生修護到藥物載體，在臨床醫學應用上有強大的潛力，也為未來醫療產業開闢全新領域，為患者帶來福音。目前關於外泌體的各種功能研究還處於發展階段，無論是與免疫調節、修復再生、疾病診斷都值得做更深入的研究，有待科學家陸續發掘外泌體更多神奇的功能。

外泌體的發現起源與發展歷史

　　外泌體作為近十年再生醫學最熱門的成分，其實從發現到形成明星產業，大約歷經了四十八年的發展歷史。原本是細胞代謝廢棄物的外泌體，搖身成為生技醫療黃金成分，從診斷治療癌症、心血管疾病、神經系統疾病到藥物載體，甚至運用在護膚品、保健食品與中醫藥，背後是無數生醫科學家所投入的心血功勞，可以預期隨著愈來愈多的資金和研究投入，外泌體將是未來人類的希望。

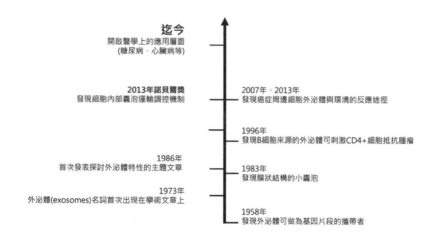

諾貝爾生醫學家的意外發現

　　曾獲得一九五八年諾貝爾生醫學獎的遺傳學家愛德華塔特姆（Edward Lawrie Tatum）從脈孢菌（Neurospora）的基因遺傳學中，藉由誘導突變與繼代培養中，觀察其基因表達變化，意外發現外泌體可做為基

因片段的攜帶者。這個發現刊登在一九七三年的《美國國家科學院院刊》（*Proc Natl Acad Sci USA*），也是外泌體（Exosomes）這個名詞，首次出現在學術文章上。

一九八三年，美國華盛大學的三位細胞生物學專家：克利福德哈丁（Clifford Harding）、約翰休瑟（John E. Heuser）、大衛斯塔爾（David A. Stahl）於著名的《細胞生物學雜誌》（*Journal of Cell Biology*）期刊上發表了〈受體介導的轉鐵蛋白和大鼠網織紅細胞再循環中，轉鐵蛋白受體的內吞作用〉（"*Receptor-mediated Endocytosis of Transferrin and of the Transferrin Receptor in Rat Reticulocytes Recycling*"）。研究當中指出，在研究大鼠網織紅細胞的內吞作用和運鐵蛋白流失過程中，發現一種有膜結構的小囊泡，但並未對這特殊結構的小囊泡取名。

一九八六年，科學家艾伯哈德塔姆（Eberhard G. Trams）和羅斯約翰史東（Rose M Johnstone）在體外培養的綿羊紅細胞培養液上，也發現了一種有膜結構的小囊泡。由於發現這些小囊泡正進行反內吞的作用，並將這個重要發現以〈網織紅細胞成熟過程中的囊泡形成，質膜活性與釋放的囊泡（外泌體）的關聯〉（"*Vesicle Formation During Reticulocyte Maturation. Association of Plasma Membrane Activities With Released Vesicles（Exosomes）*"）為題，發表在一九八七年的《生物化學雜誌》（*Journal of Biological Chemistry*）期刊中，成為第一篇真正探討外泌體特性的主題文章。不過，當時學界大都認為外泌體只是細胞代謝所產生的廢棄物，這個重要的發現卻未被受到重視。因此，往後有十年時間，外泌體就這樣被人忽視。

為治療癌症提供重要基礎

一九九六年，法國居里研究所（Institute Curie）的女性醫學家格拉薩拉波索（Graca Raposo）發現 B 淋巴細胞能分泌外泌體，這種外泌體能

攜帶第二型主要組織相容性複合物（Major Histocompatibility Complex Ⅱ，MHC Ⅱ）、共刺激因數和粘附因數。研究顯示，這種 B 細胞來源的外泌體，可以直接刺激 CD4 細胞的抗腫瘤反應。

　　一九九八年，勞倫絲齊特沃熱爾（Laurence Zitvogel）等專家發現樹突細胞（DC）能產生有抗原提呈能力的外泌體，原因為 DC 細胞一旦被活化後，會與淋巴球與 B 淋巴球產生互相作用，喚醒 T 淋巴球（Cytotoxic Lymphocyte, CTL）觸發免疫反應，消滅腫瘤抗原，在人體免疫防禦系統擔任指揮官角色。而 DC 細胞外泌體含有功能性的 MHC- Ⅰ類和 Ⅱ類分子，啟動特異性的細胞毒性 T 淋巴細胞殺傷作用，促進 T 細胞依賴的抗腫瘤效應。這個發現可說是為日後免疫細胞治療癌症，提供了重要的基礎。

　　二〇〇七年，哈帝瓦拉迪（Hadi Valadi）等人發現，細胞之間可以通過外泌體中的 RNA 來交換遺傳物質，意味著細胞可以通過外泌體影響另外一個細胞，研究人員逐漸對外泌體產生極大的好奇。他們發現，腫瘤細胞的外泌體與正常細胞的外泌體之間存在差異，腫瘤的外泌體會促進腫瘤的生長和轉移。

　　二〇一三年，科學家發現外泌體攜帶脂質、蛋白質、mRNA 和 miRNA，可與目標細胞膜的融合轉移到受體細胞，將癌細胞內容物轉移到腫瘤微環境內的周圍細胞，或進入循環，以在遠處產生作用，促進癌症轉移。在這個過程中，外泌體的 miRNA 轉移到受體細胞中，以調節目標基因。從這個過程中，科學家得以理解癌症發展的生物學，以及在開發治療方法方面，具有劃時代的意義。

戴上諾貝爾獎桂冠

　　儘管眾多科學家已陸續發現外泌體的神奇，但真正讓外泌體揚眉吐

氣，則因二〇一三年的諾貝爾生醫獎頒給了美國的詹姆士拉斯曼（James E. Rothman）、藍迪薛克曼（Randy W. Schekman）和德國科學家湯瑪士居德霍夫（Thomas C. Südhof）。他們利用分子生物技術，發現細胞內部囊泡運輸調控機制和奧秘，使外泌體的研究受到國際重視。從此，有關外泌體的研究百花齊放，從幹細胞、人體免疫、癌症診斷，都成為生醫專家的熱門研究方向。

二〇一五年五月，外泌體又有新的發現。科學家利用位點特異性重組酶技術（Cause recombination Locus Of X-over P1; Cre-LoxP）做實驗，識別出體內吸收異質細胞外囊泡（EV）的腫瘤細胞，證明大多數癌細胞釋放含有蛋白質、脂質和核酸的 EV 群，EV 的攝取可導致功能性 mRNA 的轉移和細胞行為的改變，惡性腫瘤細胞釋放的 EV，被位於同一腫瘤內和遠處腫瘤內的低惡性細胞吸收，並且這些 EV 會攜帶參與轉移的 mRNA。通過活體成像，觀測到目標細胞對 EVs 的攝取，以及 EVs 對目標細胞狀態的改變，顯示占據 EV 的惡性程度較低的腫瘤細胞有增強的轉移能力，得以瞭解腫瘤細胞分泌的 EVs，可以被其他腫瘤細胞或正常細胞攝取，並改變靶細胞狀態，證明外泌體在體內傳輸的廣泛性。

七個月後，美國的《臨床化學期刊》（Clin Chem）發表一篇〈外泌體在乳腺癌中的作用〉（"The Role of Exosomes in Breast Cancer"）文章指出，由於乳癌患者人口數量龐大，因此癌症中 EV 的許多開發研究焦點集中在乳癌上，而外泌體和其他 EV 在乳癌細胞侵襲和轉移、幹細胞刺激、細胞凋亡、免疫系統調節和抗癌耐藥性，可以發揮關鍵作用。因此，外泌體作為診斷、預後或預測生物標記物，在治療開發中具有相當大的潛力。

二〇一六年，研究人員發現，巨噬細胞會通過釋放可溶性生長因子和微囊泡，改變非專業吞噬細胞（如上皮細胞）和顆粒的類型，以及對炎症的反應。在吞噬凋亡細胞或回應炎症因子時，巨噬細胞會釋放類胰島素生長因子 1（Insulin-like Growth Factor1, IGF-1），以結合到非吞噬細胞表

面的受體上，好調節該細胞的吞噬作用，降低對大體積凋亡細胞的吞噬，增強對微囊泡的吞噬，同時不改變巨噬細胞的吞噬特性。由於巨噬細胞也會釋放微囊泡，這些微囊泡會被上皮細胞等非專職吞噬細胞吞噬，從而降低炎症反應。

多元及寬廣的應用層面

到了二〇二一年，外泌體的發展已更多元化，運用層面更廣。科學家研究，從高脂肪的飲食所誘導的外泌體所產生的磷脂醯膽鹼（Phosphatidylcholine, PC）如果結合芳香烴受體（Aryl hydrocarbon Receptor, AhR），發現可導致胰島素阻抗（Insulin Resistance），容易讓人產生代謝症候群，進而罹患糖尿病，也證明高脂肪飲食確實為引發糖尿病的元兇之一。

心臟病是現代人健康殺手，外泌體的發現讓心臟病藥物研發有了新契機。二〇二一年，專家研究出外泌體的特定細胞內介質作用與 RNA，在心臟缺血或衰竭之前給予用藥，會對心臟產生保護作用，不致猝死。研究指出，不論是心臟肥大或是心律不整，都是 miRNA 功能失調的結果，而外泌體的間充質幹細胞（MSC）可增加保護 miRNA，包含：miR-21、miR-22、miR-199a-3p、miR-210、miR-24.3 和 miR-322。從小鼠實驗中也證明，在心肌梗塞後，將 miR-322 注射到小鼠體內，可使梗塞面積減少一半，毛細血管密度顯著增加。這個讓人興奮的研究發現，對未來基因工程與藥物開發，將是一大利多。

從一九七三年發現外泌體到現在，經過近五十年的研究發展歷史，科學家不斷發掘出外泌體的神奇特性，並應用在人體疾病治療診斷、藥物開發、保健食品等各個層面，得以突破以往醫療的局限，造福人類。相信未來在資金和人力投注下，外泌體將有更多無限可能。

外泌體的研究近況

外泌體的神奇效能，讓全世界生化學家與生技業者競相投入外泌體的研發。在近十年的蓬勃發展下，目前外泌體的研究項目，已擴及到各類疾病的診斷治療與藥物。這些發現，驅動了更多的外泌體與疾病關聯的研究。根據期刊論文平臺 PubMed 的資料統計，目前已有超過一萬八千篇有關外泌體的論文發表，光二〇二一年一月到五月，就超過二千篇的論文研究。臺灣也不落人後，醫界也將外泌體投入再生醫學的研究中。另外，除了於一般疾病、癌症，外泌體有相關診療研究之外，在二〇二〇年肆虐全球的流行病毒 COVID-19，科學家也希望能從外泌體找到一線生機。

細胞治療與法規現況

二〇一九年九月，衛福部通過「特定醫療技術檢查檢驗醫療儀器施行或使用管理辦法修正條文」，細胞治療產品研發、臨床應用可說是進入百花齊放的時代。雖然臨床研究顯示，幹細胞能修復神經系統損傷，但幹細胞培養及穩定保存不易，且需要以手術方式植入，手術所引發的併發症和異位組織形成的可能性，是未來外泌體治療需要克服的地方。多篇研究指出，外泌體在保存以及活性上更優於幹細胞，因此有望成為細胞治療的新希望。

臺灣的外泌體研究

外泌體被已被醫界視為治療的明日之星，目前臺灣投入外泌體研究的官方機構有「國家衛生研究院」與「工業技術研究院」。八年前，由國家衛生研究院的細胞與系統醫學研究所團隊，利用特殊技術刺激間質幹細胞，分離出具有修復細胞功能的幹細胞外泌體，鑑定出促使腦神經再生及腦部功能恢復的活性物質。此研究可證明，幹細胞外泌體較間充質幹細胞更具有促進組織再生的能力，又可以避免細胞植入手術的風險及副作用，對日後再生醫學帶來新的契機。這項研究分別發表在二〇一九年以〈來自間充質幹細胞的 EP4 拮抗劑引發的細胞外囊泡通過恢復腦細胞功能來挽救認知學習缺陷〉（*"EP4 Antagonist-Elicited Extracellular Vesicles from Mesenchymal Stem Cells Rescue Cognition/Learning Deficiencies by Restoring Brain Cellular Functions"*）為名，二〇二〇年以〈來自間充質幹細胞的外泌體 2'3'-CNP 促進海馬迴 CA1 神經發生／神經發生並有助於挽救受損大腦的認知學習缺陷〉（*"Exosomal 2' 3' -CNP from Mesenchymal Stem Cells Promotes Hippocampus CA1 Neurogenesis/Neuritogenesis and Contributes to Rescue of Cognition/Learning Deficiencies of Damaged Brain"*），發表在著名期刊《幹細胞轉化醫學》（*STEM CELLS Translational Medicine*），受到國際注意。

工業技術研究院則致力於外泌體提取方法的開發，目前已發展出外泌體分離純化技術，包含切向流過濾（Tangential Flow Filtration, TFF）試劑及粒徑排阻層析法（Size-exclusion Chromatography, SEC）膠體製備技術，可以進行複雜樣品，如細胞培養液與血漿中外泌體的分離。此種技術的特色為高純度、高回收率、分離時間短，可應用於癌症診斷、追蹤與治療，以及藥物載體與再生醫學的外泌體相關研究。另一種則是外泌體富集分析方法，它是以免疫磁性粒子平臺，針對複雜樣品中的微量外泌體進行

富集，再進行外泌體表面蛋白標記與內含 miRNA 之分析，特色為高靈敏度，分析時間短。

幹細胞外泌體於神經損傷治療的應用

高雄義大醫院杜元坤院長看好幹細胞外泌體應用在中樞神經系統疾病治療上，由他領導的神經重建實驗室團隊經過多年研究發現，幹細胞外泌體對於神經增生性及修復力有著良好功效。他以〈人體嗅鞘細胞分離細胞外囊泡增強神經幹細胞的生存能力〉（*"Extracellular Vesicles Isolated from Human Olfactory Ensheathing Cells Enhance the Viability Neural Progenitor Cells"*）為研究主題，二〇二〇年於著名國際醫學期刊《神經學研究》（*Neurological Research*）發表論文。杜元坤院長認為，未來細胞療法能讓神經損傷的治療更加簡單普及，能造福成千上萬的失能癱瘓患者。

治療新型冠狀病毒肺炎所扮演的關鍵角色

值得注意的是，造成全球大流行的新型冠狀病毒肺炎，簡稱「新冠肺炎」（COVID-19）與外泌體的關係，引起不少專家的興趣，已有學者研究以該病症與患者的外泌體攜帶肌腱蛋白 C（Tenascin-C, TN-C）和纖維蛋白原 β（Fibrinogen-β, FGB）觸發遠處器官細胞的發炎訊號，以〈來自新冠肺炎患者的外泌體攜帶 Tenascin-C 和纖維蛋白原 - β 以觸發遠端器官細胞的炎症訊號〉（*"Exosomes from COVID-19 Patients Carry Tenascin-C and Fibrinogen-β in Triggering Inflammatory Signals in Cells of Distant Organ"*）為題，探討在新冠肺炎患者中引起的組織損傷。實驗團隊採用無偏見的蛋白質組學方法，分析從健康志願者和 COVID-19 患者血漿中分離出的外泌體。

結果顯示，與健康正常對照組相比，COVID-19 患者血漿的外泌體中 TNC 和 FGB 含量很高。TNC 會誘發慢性發炎和器官纖維化，而 FGB 則會誘發靜脈血栓，TNC 和 FGB 上升就會誘發 NF-kB（一種蛋白質複合物）途徑，促進腫瘤壞死因子 TNF-α、IL-6、趨化因子配體 5（CCL5）增加。本研究說明了外泌體與病毒發病機制的關係。

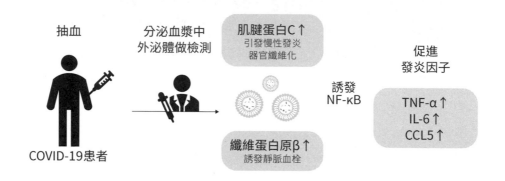

在討論治療新冠肺炎中，有學者認為，用間充質幹細胞（MSC）衍生出的外泌體作為一種無細胞療法來治療感染新冠肺炎的患者，將會是未來的趨勢。文中指出，大多數新冠肺炎患者死亡是由急性呼吸窘迫綜合症引起。由於新冠肺炎病毒會引起過度和異常的發炎症，因此盡快控制炎症非常重要。許多的研究的結果也顯示，MSC 及其衍生物可以達到抑制發炎的作用。另外，將特定的 miRNA 和 mRNA 加入外泌體中，使用外泌體作為載體來遞送藥物，達到治療效果。

另一篇以〈一種使用恢復期血漿衍生外泌體（CP Exo）治療 COVID-19 的新型奈米療法：一種結合過度活躍的免疫調節和診斷〉（"*A Novel Nano Therapeutic Using Convalescent Plasma Derived Exosomal（CP*

Exo) *for COVID-19: A Combined Hyperactive Immune Modulation and Diagnostics*"）研究主題，探討使用恢復性血漿衍生的外泌體（CP Exo）治療新冠肺炎的新型奈米療法。文中研究發現，細胞外囊泡是治療新冠肺炎的重要治療策略。通過利用來自患者的恢復性血漿衍生的外泌體（CP Exo）恢復的持久性，可以加快目前的療程。

過往的研究證明，將外泌體應用於體內系統是有用的，並且可以精確靶向病原體。新冠肺炎康復患者的血漿擁有數十億個外泌體，具有攜帶蛋白質、脂質、RNA 和 DNA 等分子成分的能力，並且外泌體可以足夠的與敏感性和特異性識別抗原。這些衍生物中可以觸發對細胞的免疫調節，並通過 RNA 對目標病原體的產生反應。研究最後指出，CP Exo 可以作為生物標記物充當免疫治療劑、藥物載體和診斷靶標，對治療具有功效。在此理論下，生技專家研發出治療新冠肺炎的特效藥，是指日可待的事，更證明外泌體能為日後醫療做出巨大貢獻。

解開外泌體奧祕的諾貝爾獎得主

外泌體能成為現今醫療產業的明日之星，這要歸功於二○一三年的諾貝爾生醫獎的三位科學家：美國的詹姆士拉斯曼、藍迪薛克曼和德國科學家湯瑪士居德霍夫。三位傑出的科學家各司其職，各有不同的專長發揮。拉斯曼解開囊泡與目標融合的物質移轉的蛋白質機制；薛克曼則是發現囊泡傳輸所須的基因；居德霍夫則確立訊號指導囊泡精確的釋放本身物質，得以發現調節囊泡傳輸的機制，解開細胞組織傳輸系統的奧秘，拓展對細胞內物質精確定位的理解，同時也改變後人對疾病發生機制的認識。

薛克曼──從遺傳學方法找到細胞內部蛋白質傳輸過程

薛克曼出生於美國明尼蘇達州的聖保羅市，一九七一年從 UCLA（加州大學洛杉磯分校）獲得分子科學學士學位，一九七四年獲史丹佛大學博士學位，現為加州大學柏克萊分校擔任教授，曾擔任《美國國家科學院院刊》主編，一九九二年當選美國國家科學院院士，二○○二年與拉斯曼共研究細胞膜傳輸的研究，獲得美國最具聲望的生物醫學獎──拉斯克基礎醫學獎（Lasker Medical Research Awards）。

薛克曼在博士後期間，便對細胞內部蛋白質的移轉十分有興趣。由於當時技術上的限制，研究人員還無法直接研究哺乳動物細胞內的囊泡移

轉過程。不過，酵母細胞內的膜性細胞與高級動物細胞內部結構，有極大的相似處。一九七〇年代，薛克曼決定對酵母細胞進行培養，並從遺傳學的方法對酵母基因進行修飾，在分泌過程觀察，以了解細胞內部蛋白質的傳輸過程。

在過程中，他發現當酵母細胞生存環境的溫度升高到一定範圍時，酵母細胞的分泌基因（Secretion Gene）會產生變化，使得酵母細胞的分泌蛋白無法分泌出細胞，囊泡就會堆積在細胞的某些部位，產生類似阻塞現象。於是，他對不同的酵母菌株進行突變誘導處理，並以電子顯微鏡、放射性標記法和免疫沉澱反應等方法處理酵母細胞，觀察到細胞內部囊泡傳輸過程的變化，進而發現與囊泡傳輸過程的一系列蛋白，含有五十種與囊泡的傳輸和融合相關的分泌基因，證實這些基因與哺乳動物細胞中的分泌基因，有著很大的同源性。最後，他確定了三類控制細胞傳輸系統不同方面的基因，為細胞中囊泡傳輸的調控機制提供新的見解。

拉斯曼——SNARE 決定囊泡錨點定位與融合

拉斯曼生於美國麻州哈佛希爾市，一九七六年從哈佛醫學院拿到博士學位後，到麻省理工學院做博士後研究。一九七八年，拉斯曼赴加州史丹佛大學從事細胞囊泡的研究，並先後在普林斯頓大學、斯隆凱特琳癌症紀念研究所和哥倫比亞大學工作。二〇〇八年，拉斯曼擔任美國耶魯大學細胞生物學系教授，由於研究成績亮眼，曾獲得包括：哥倫比亞大學的露依莎格羅斯霍維茨獎（Louisa Gross Horwitz Prize）、拉斯克獎基礎醫學獎、費薩爾國王獎（King Faisal Prize）。

就讀史丹佛大學時，拉斯曼學會用生物化學方法解決複雜生物學問題，並認為生物化學方法是解決和解釋生物學的唯一方式。因此，他用液相層析法、放射性顯影技術、離子交換層析法和離心技術等來研究囊泡傳輸。拉斯曼從哺乳動物細胞中鑑定出多個囊泡出芽和融合的相關分子，從中分離出蛋白傳輸的相關成分，然後在試管內分析這些成分缺失對蛋白傳輸的影響，確定其生物功能。

　　拉斯曼觀察到，蛋白質複合物能使囊泡與目標細胞膜對接並融合，在融合過程中，囊泡和目標細胞膜上的蛋白質像拉鍊的兩側一樣相互結合，確保能將物質運送到精確的位置，並發現在囊泡錨點定位與融合過程中，決定性作用的蛋白質複合物—SNARE 蛋白複合體，即囊泡與細胞膜的融合過程，需要細胞膜上的 t-SNARE 蛋白與囊泡上的 v-SNARE 蛋白識別並相互作用，顯示囊泡融合所需要的最小結構單元。

　　薛克曼和拉斯曼的研究儘管已發現到，參與囊泡傳輸過程中的調控基因及膜融合複合物形成的蛋白，但是關於囊泡融合過程中，膜融合的觸發機制仍是無法得到答案，而居德霍夫的參與正好填補了這塊缺失。

居德霍夫──鈣離子觸發囊泡的融合

　　居德霍夫生於德國的哥廷根，先後在亞琛工業大學、哈佛大學和哥廷根大學主修醫學，一九八二年取得哥廷根大學醫學博士學位。一九八三年，居德霍夫來到美國德州大學的科學中心分子基因學系，從事博士後研究工作。二〇〇八年，居德霍夫轉往史丹福大學任職，目前擔任該校醫學院的講座教授。由於居德霍夫的夫人陳路是來自中國的神經生物學家，畢

業於中國科學技術大學，現為史丹福大學神經外科副教授，因此，居德霍夫被稱為「中國科大」的女婿。

　　囊泡傳輸系統需要精準的調控機制，才能正常調控生命活動的進行。這些物質需要適當的時間和位置，才能適當的釋放。在研究過程中，居德霍夫發現囊泡的融合是由鈣離子（Ca2$^+$）所觸發。當 Ca2$^+$ 結合到突觸結合蛋白 I（Synaptotagmin I）時，可導致神經遞質的釋放；但如果當突觸結合蛋白 I 發生突變時，Ca2$^+$ 觸發的囊泡融合將大大減少，顯示鈣離子如何在正確的時間和正確的地點，調節神經元中神經遞質的釋放。另外，居德霍夫還發現一系列與 SNARE 蛋白相互作用的分子，包括：MUNC18、MUNC13 蛋白等。這些蛋白與 SNARE 複合體相互作用形成一個更大的分子機器，協助 SNARE 複合體的形成和功能的發揮。

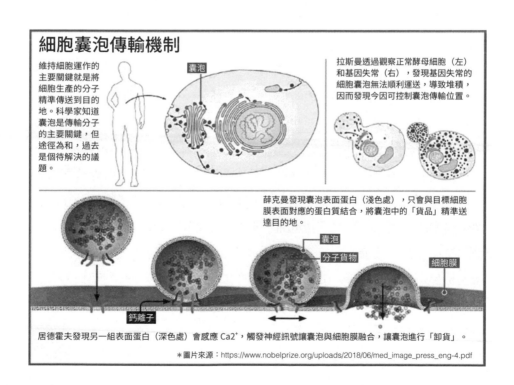

細胞囊泡傳輸機制

維持細胞運作的主要關鍵就是將細胞生產的分子精準傳送到目的地。科學家知道囊泡是傳輸分子的主要關鍵，但途徑為和，過去是個待解決的議題。

囊泡

拉斯曼透過觀察正常酵母細胞（左）和基因失常（右），發現基因失常的細胞囊泡無法順利運送，導致堆積，因而發現今因可控制囊泡傳輸位置。

薛克曼發現囊泡表面蛋白（淺色處），只會與目標細胞膜表面對應的蛋白質結合，將囊泡中的「貨品」精準送達目的地。

囊泡
分子貨物
細胞膜

鈣離子

居德霍夫發現另一組表面蛋白（深色處）會感應 Ca2$^+$，觸發神經訊號讓囊泡與細胞膜融合，讓囊泡進行「卸貨」。

＊圖片來源：https://www.nobelprize.org/uploads/2018/06/med_image_press_eng-4.pdf

各有所長，相輔相成

　　薛克曼從基因的角度利用酵母細胞實驗，檢測出細胞內與囊泡傳輸相關的基因；拉斯曼則運用一系列的體外實驗，發現參與囊泡膜融合的蛋白質與囊泡融合的複合物；居德霍夫則偏重在囊泡融合的調控機制方面。這三位傑出的科學家各有不同的任務，三人研究相輔相成，分別從不同的角度對囊泡傳輸進行解釋，但又有著一定的共通性，得以理解細胞內囊泡傳輸的過程，與調節機制如何形成外泌體，進而證明人體內眾多生命活動的過程，都須依賴囊泡傳輸機制。

　　事實上，細胞囊泡傳輸是諾貝爾生醫獎的熱門領域，相關研究已獲得四次諾貝爾獎，前三次分別是一九七〇年，伯納德卡茨（Sir Bernard Katz）、烏爾夫馮奧伊勒（Ulf von Euler）、朱利葉斯阿克塞爾羅德（Julius Axelrod），三人發現神經末梢中的體液傳遞物質及其貯存、釋放和抑制機理；一九七四年，阿爾伯特克勞德（Albert Claude）、克里斯汀德迪夫（Christian de Duve）、喬治埃米爾帕拉德（George E.Palade）三人揭開細胞的內膜結構和功能組織而獲獎；一九九九年，古特布洛伯爾（Gun ter Blobel）發現蛋白質存在內在訊號來控制在細胞內的傳輸和定位而獲獎。從這四次得獎紀錄可以知道，囊泡運輸領域在生理醫學領域中的重要性。

　　經過數十年科學家的投入研究，已經證實人體細胞囊泡傳輸與調節一旦發生問題，可能導致細胞內部，或細胞間的資訊分子或物質分子交流產生障礙引發疾病。目前可以知道，胰島素分泌障礙導致糖尿病；免疫細胞的抗體產生，及囊泡與細胞膜融合發生故障時，會導致機體的初級免疫和次級免疫發生障礙等。囊泡傳輸機制的發現，讓眾多科學者可以擴及周邊相關研究，例如神經生物學、內分泌學、胚胎學、病毒學、生物科多方面發展。未來，外泌體的研究將更多元化，應用層面更廣，在疾病治療與藥物製造扮演關鍵的角色。

外泌體的
培養及提取技術

2

外泌體的培養方法

　　由於外泌體的特殊結構與功能，對再生醫療具有龐大的潛在應用價值，目前研究發現，外泌體與失智、腦損傷、癌症等多種疾病的形成有很大關聯，也可在臨床上作為診斷多種疾病的生物標記，並且作為藥物的天然載體。因此，外泌體的取樣與培養格外重要，也是各種疾病研究的基礎。

　　生物體取樣可分為從血液、體液取樣。然而體液來源有限，外泌體萃取量不多。細胞培養取樣則是在培養細胞分離出的上清液中取樣得外泌體，因細胞可做放大培養，所以可以提升外泌體產量。培養須注意的是，不論使用何種方式取得的外泌體，必須在提取過程中，去除所有的細胞碎片與不需要的膜結構物，來提高外泌體純度。下面將依序介紹外泌體的萃取方式：

▶血液樣本

　　血液樣本包含血清和血漿。血清是血液凝固之後收集的液體，沒有纖維蛋白原和凝血因數。研究發現，血清在凝血過程中，血小板會分泌大量的外泌體，其中有接近 50% 的外泌體來自額外分泌，所以要研究血小板相關疾病，優先使用血清樣本。血漿則是血液經抗凝處理後，透過離心沉澱，獲得的不含細胞成分的液體，適用於一般研究試驗。

▶體液樣本

　　體液樣本包括尿液、唾液、鼻涕、腦脊液、羊水、乳汁等。體液樣本最大問題在於容易受環境影響，出現細菌污染或細胞 RNA 污染，最好

過濾除菌，嚴格依照離心步驟取得上清液。

▶細胞上清液

　　細胞培養上清液不像血液樣本有著取樣數量的限制，操作起來較為方便，直接將細胞培養液離心處理取上清液即可。以細胞上清液萃取外泌體的優點在於可進行大量的培養，但在細胞培養過程中須注意培養時間、細胞死亡率、胎牛血清（Fetal Bovine Serum, FBS）等問題，尤其天然來源的 FBS 中，含有大量的外源外泌體，會對研究結果產生巨大干擾。所以，細胞培養一定要用經特殊處理不含外泌體的 FBS，而且過程中不允許有任何污染，萃取出來的外泌體才能作後續使用。

　　細胞放大培養是目前萃取外泌體的首選，如何放大培養增加產量是目前科學家正著手解決的問題。

常見的細胞培養技術

▶二維（2D）細胞培養技術

　　無論從事研究實驗或是臨床領域，想要進行大規模測試，都需要培養大量的外泌體，因此需要一些穩定的工具，來提升外泌體的收集量。常見的放大培養方式，是透過增加培養表面積來達到目的。過去常用的是使用培養角瓶（T-Flask）培養細胞，再收集細胞分泌的外泌體，但這種收集方法產量少、濃度低，如果要收集足夠的外泌體，至少需要二百個 225 cm² T- Flask，不僅費時又占空間。

　　也有不少人使用攪拌培養瓶（Spinner Flask），這是屬於 2D 細胞培養方式，主要是利用攪拌葉的擾動使細胞懸浮於培養液中，但由於動物細胞沒有細胞壁的保護，對剪切作用非常敏感，機器攪拌可能會對細胞造成傷害，而且細胞僅能以單層方式貼附在支撐的表面上，細胞生長仍有一定

的限制。若要放大細胞量，也必須不斷增加培養液的面積。

　　另一個需要考慮的是，不管是用培養皿或培養瓶來進行細胞培養，想要大規模取得細胞培養液，都需要大的輸入量，意即需要多次進行，過程不僅非常耗時，而且產量與濃度也不見得高。除了這些限制外，最大的挑戰在於需要在培養基中使用胎牛血清（FBS），但天然的 FBS 含有大量的外源外泌體，而且在提取的分離過程，也容易受到 FBS 中的外泌體污染。

▶三維（3D）細胞培養

　　上述的限制與挑戰，都可以使用中空纖維生物反應器加以克服。全球首屈一指的美國梅奧診所（Mayo Clinic）研究人員，二〇一八年一月在知名期刊《分子生物學方法》（*Methods in Molecular Biology*）上發表文章，描述了如何使用中空纖維生物反應器來連續生產高濃度的細胞外囊泡，而且無須使用去除外泌體的胎牛血清，如此一來就不會受到 FBS 中的外泌體污染，可以做更多的研究應用。

　　中空纖維生物反應器系統模擬類似體內生理循環系統，透過封閉的生物安全系統來培養細胞，讓細胞可以在內部自行擴增，不需要在培養瓶中生長。運作方式是使用幫浦、中空纖維管柱與培養基儲液瓶，透過導管連接構成一個流動的系統，中空纖維是具有分子量截留作用的半透膜，作用類似微血管，放置在管狀的封閉系統中，培養液由幫浦泵送，把養分與氣體透過中空纖維內部的毛細管，透析到毛細管外側的細胞生長空間（Extracapillary Space, ECS），細胞從中空纖維外獲取營養，完成氣體與廢棄物交換。

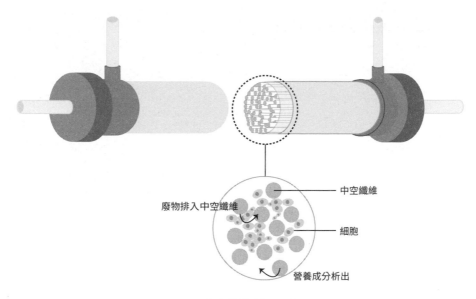

廢物排入中空纖維

中空纖維

細胞

營養成分析出

↑ 中空纖維剖面示意圖

　　相較於傳統的 2D 細胞培養，細胞生長是層層交迭，氧氣與養分從上方通過，底部細胞吸收不到養分，會逐漸脫落死亡。中空纖維生物反應器是一種更貼近器官模擬的 3D 細胞培養方法，中空纖維為細胞生長提供了很大的表面積，讓細胞能以 3D 形式堆疊在中空纖維之間，自由的黏附或是保持半懸浮狀態，而且培養基能夠連續將營養物質泵送到纖維內，葡萄糖、乳酸等小分子都能自由穿梭，讓細胞充分獲得營養，自然而然完成細胞的生命周期，並長時間保持在系統中。

　　最重要的是，使用中空纖維生物反應器來培養細胞，使用的是無血清培養基，既然不需要用到胎牛血清，就可以避免 FBS 內細胞外囊泡的污染。如此一來，便可源源不絕的從纖維管外的生長空間取得細胞上清，成為細胞培養高濃度外泌體的最佳利器，並且進一步大規模生產符合 GMP 要求的臨床級外泌體。

生產臨床級外泌體的可能性

專精外泌體研究的美國德州大學安德森癌症中心拉古卡魯里（Raghu Kalluri）博士，過去曾在權威期刊《自然》（*Nature*）上發表了兩篇關於外泌體的文章。在二〇一五年發表的〈Glypican-1 識別癌症外泌體並檢測早期胰腺癌〉（"*Glypican-1 Identifies Cancer Exosomes and Detects Early Pancreatic Cancer*"）文章中提到，從胰臟癌患者的血清中研發出一種 GPC1（Glypican-1）陽性的外泌體，有助於診斷早期胰臟癌。卡魯里博士隨後還成為首家外泌體上市公司 Codiak BioSciences 的首席科學家，專注外泌體的診斷與治療產品。

二〇一七年，卡魯里博士發表的〈外泌體促進胰腺癌中致癌 KRAS 的靶向治療〉（"*Exosomes Facilitate Therapeutic Targeting of Oncogenic KRAS in Pancreatic Cancer*"），則發現了外泌體作為核糖核酸干擾（RNA interference, RNAi）有效載體的可能性。研究指出，加入特殊 RNAi 的外泌體（iExosome），能夠運送小干擾的 RNA 分子，來針對胰臟癌細胞中的 KRAS 突變基因，做抑制達到標靶治療效果，讓罹患胰臟癌的小鼠病情緩解並增加存活率。

這些外泌體要作為診斷或治療癌症的臨床上應用，當務之急就是要能生產符合 GMP 要求的臨床級外泌體，因此卡魯里博士在《JCI insight》期刊以〈胰腺癌臨床級外泌體的產生和檢測〉（"*Generation and Testing of Clinical-grade Exosomes for Pancreatic Cancer*"）為題，闡述了臨床級外泌體的生產流程。研究報告指出，卡魯里博士採用的是符合 GMP 標準的生物反應器，來大規模生產具有靶向癌細胞 KRAS 突變基因的工程化外泌體（iExosomes），而且以多項體內外研究測試，證實了臨床級的 GMP iExosomes，確實能抑制胰臟癌實驗小鼠的癌細胞，並且增加存活率。這份研究為未來的 GMP iExosomes 臨床試驗奠定基礎，也闡明了臨床級外泌體治療人類疾病的可行性。

卡魯里博士提到的 GMP iExosomes 生產方式，是利用生物反應器來大規模培養細胞，這也呼應了美國梅奧診所的研究，使用中空纖維生物反應器可定期收穫大量的細胞上清液。須注意的是，每次收集細胞上清都必須進行無菌、內毒素、黴漿菌（PCR，陰性）檢測，收集好的上清液可先凍存於 -80℃冰箱，等到收集到足夠的數量，再將上清液置於 4℃過夜解凍，並利用差速離心法來提取外泌體。

常用提取方法

　　由於外泌體具有應用於早期臨床診斷，疾病治療與預後評估的巨大潛力，因此成為近年來生命科學研究的熱門領域。為了深入研究外泌體的作用與機制，良好而穩定的外泌體提取技術是首要關鍵。然而因為外泌體的粒徑小，存在於成分複雜的體液當中，如何獲得高純度的外泌體，對於後續研究或臨床試驗至關重要。目前外泌體的提取方法相當多元，依照不同的分離原理，建立了不同的提取技術，也有各自的優缺點，以下就常見的提取方法來做介紹。

差速離心法

　　差速離心法是使用超速離心機，以不同速率交替做離心達到純化效果，是目前應用最為廣泛的外泌體純化方式，也是頂尖權威期刊常用的提取方法，被視為主流的金標準（「金標準」是指當前臨床醫學界公認的診斷疾病的最可靠方法）。差速離心法的原理是根據外泌體與細胞其他成分的沉降係數不同，利用低速離心與高速離心交替進行，透過不同強度的離心力，把不同質量的物質分離並分級，從而篩出大小相近的囊泡顆粒。操作上先以低速離心分離去除樣本中的死亡細胞、細胞碎片、微細胞等成分，再以高速離心得到外泌體的粗提取物，接著用磷酸緩衝生理食鹽水（Phosphate Buffered Saline, PBS）重新清洗去除受汙染的蛋白質，即可獲得實驗所須的外泌體。

　　差速離心法可廣泛應用於各類生物樣本，如血清、血漿、細胞培養

液、尿液、唾液、腦脊液等的分析，其優點是能夠大量處理，適用於大量樣本的初步分離，缺點是成本高又費時，因為光一臺超速離心機價格就超過十萬美元，後續還需要設備維護與營運成本。此外，差速離心過程需要技術純熟的研究人員，為了滿足實驗所需的高濃度外泌體，往往需要四到六小時長時間提取，但回收量並不穩定，純度也受到質疑，而且重複離心操作，也有可能對囊泡造成損害，降低外泌體的品質。

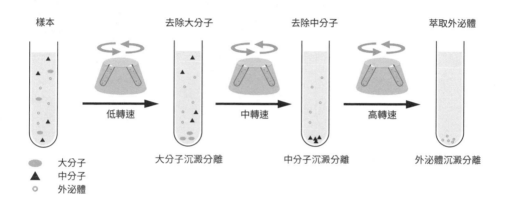

密度梯度離心法
========

密度梯度離心法

　　為了解決差速離心法獲得外泌體純度不足的問題，科學家發展出密度梯度離心法，可說是差速離心法的進階版。由於外泌體的密度約 1.08-1.19 g/ml，可以使用梯度介質去除非囊泡顆粒，最早開始使用的梯度介質是蔗糖，因此又稱為「蔗糖密度梯度高速離心」，後來經過不斷改良，也可使用碘克沙醇作為新的高效介質。

　　相較於差速離心法是用不同強度的離心力，使具有不同品質的物質分級分離，適用於混合樣品中沉降係數差別較大的成分，可用於大量樣品

的初步分離提純。密度梯度離心法則是一種區帶分離法，藉由混合樣品穿過密度梯度層的沉降或上浮來達到分離目的，通常為了獲得高純度的外泌體，會採取差速離心與密度梯度離心合併使用的方式，來滿足研究或臨床上的需求。

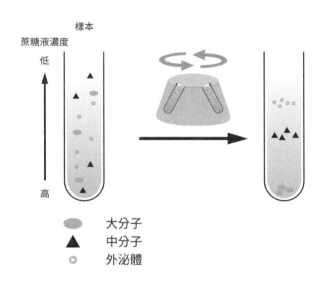

大分子
中分子
外泌體

　　以蔗糖密度梯度高速離心來說，是在高速離心的作用下，讓蔗糖溶液形成由低到高連續分布的密度階層，透過密度梯度離心，樣品中的外泌體將在 1.13-1.19 g/ml 的密度範圍富集。這個方法須預先配好連續梯度蔗糖溶液，大約取 30％ 置於離心管底部，再把細胞上清樣本鋪在上面，然後以 4℃、100000×g（重力加速度）高速離心。蔗糖對細胞無毒，黏度不高且 pH 中性，用這個方法獲得的外泌體純度較高，但前期準備工作過於複雜，步驟繁瑣、耗時，且容易受離心率外因影響。有研究提出，密度梯度離心法不適用於臨床生物標記物研究，因為從血清與尿液中提取外泌體的純度較低，僅適用於細胞上清中的外泌體提取。

聚乙二醇（PEG）沉澱法

沉澱法中最早使用的介質是聚乙二醇（Polyethylene Glycol, PEG），PEG 為一種親水性材質，當提取溶液通過 PEG 時，PEG 會抓住溶液中的水分子，讓溶液中的親脂性物質析出，再透過低速離心使親脂性物質沉澱做後續提取。PEG 沉澱法早期多用於從血清樣本中收集病毒，因為外泌體是囊泡結構，與病毒有著相似的生物物理特性，現在也用於提取外泌體。

近年隨著外泌體研究突飛猛進，不少公司依據 PEG 沉澱原理，研發出外泌體提取試劑盒，只需將樣品添加進試劑盒等待，即可分離出在細胞、尿液和血液中的外泌體。用沉澱法分離外泌體的例子很多，如在分離腫瘤相關外泌體時，只要在腫瘤細胞培養上清液中加入乙酸鹽，在 pH 達到 4.75 時，幾乎所有外泌體都能立即沉澱。這種簡單具有成本效益的方法，可從培養上清液中顯著提高外泌體的產量，而且與高速離心取得的外泌體沒有差別。

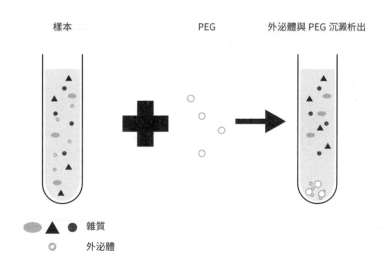

樣本　　　　　　　PEG　　　　外泌體與 PEG 沉澱析出

雜質

外泌體

沉澱法的優點在於操作簡單，不需要專業設備，可以快速從樣本中提取分離外泌體，獲取的生物活性不受影響，缺點是容易有非外泌體的汙染，而且有雜蛋白較多（假陽性）、顆粒大小不均一的問題。

免疫捕獲法（親和層析法、免疫磁珠法）

免疫捕獲法是基於免疫親和原理的分離技術，常見的有親和層析法、免疫磁珠法，基於外泌體表面有大量的標記蛋白和特異性受體，如CD9、CD63、CD81、CD82、ALIX 與上皮細胞黏附分子 EpCAM 等。這些表面蛋白與磁性抗體可以相互吸引聚集，經由外加磁場將結合在一起的磁性抗體與外泌體做吸引，藉此從樣品分離出外泌體。因免疫磁珠法可應用於臨床檢測實驗，佩德森（Pedersen）等人，在《細胞生物學應用雜誌》（*BioProbes Journal of Cell Biology Applications*）上發表了〈使用磁珠分離和表徵外泌體〉（*"Isolation and Characterization of Exosomes Using Magnetic Beads"*）文章，提到使用免疫磁珠法來分離外泌體，主要是利用塗有針對四跨膜蛋白 CD9、CD81 的抗體磁珠，來分離源自 SW480（人

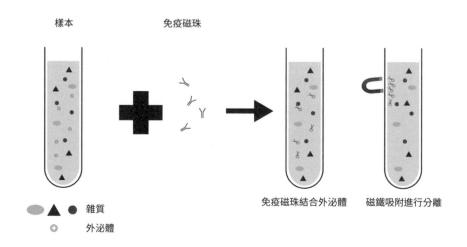

樣本　　　　　免疫磁珠

免疫磁珠結合外泌體　　磁鐵吸附進行分離

雜質

外泌體

結腸腺癌）和 Jurkat（人 T 淋巴細胞）細胞的外泌體。實驗證實，使用磁珠直接從細胞培養基中分離外泌體，可縮短工作流程，以最小的損失生產高度純化的外泌體製劑，從而實現下游分析和未來的自動化生產的機會。

免疫磁珠法雖然具有特異性高，可獲得高純度外泌體，且不影響外泌體形態完整等優點，是提取表徵獨特外泌體的優先選擇，但缺點是效率低，不適合從大量樣本獲得外泌體，而且基質的非特異性吸附，可能讓外泌體存在干擾的蛋白質，同時外泌體活性易受 pH 和鹽濃度影響，不利於下游實驗。此外，免疫磁珠價格昂貴，較難廣泛使用。

尺寸排阻色譜法

尺寸排阻色譜法（Size Exclusion Chromatography, SEC），又可稱為「凝膠排阻法」，使用聚合物凝膠或類似的固定相柱，進行外泌體分離的技術，適用於血漿、血清、細胞上清、尿液等樣品。尺寸排阻色譜法的原理是在管柱填入具有不同尺寸的孔洞凝膠，樣本中半徑較小的分子進入凝膠孔隙後，須耗費較長的時間通過凝膠柱，大分子可從凝膠柱中提前沖脫出管柱，進而實現不同粒徑大小顆粒分離。

尺寸排阻色譜法可以與差速離心法結合而不會明顯損失外泌體，不僅能保證產量，也能有效去除雜質蛋白，更適合目標蛋白質組學和 miRNA 等下游分析。尺寸排阻色譜法的優點是操作簡單，純度與提取效率高，保證了外泌體的完整性與生物活性，缺點是耗時，所需的特殊設備價格昂貴，不利於廣泛應用。

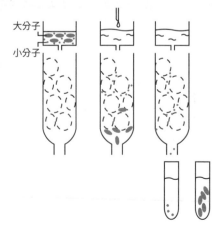

大分子
小分子

超濾法

　　由於外泌體是奈米等級的細胞外囊泡，可利用不同孔徑的濾膜，對樣品進行選擇性分離以獲得外泌體。許多公司也瞄準商機，開發了超濾膜的商品化設備，運用二到三層濾膜，利用離心力分別截留細胞與直徑較大的囊泡物質，以獲得不同尺寸的外泌體，亦有其他公司則推出 qEVTM 凝膠滲透色譜柱，用於外泌體的分離和純化。因為外泌體的粒徑比蛋白質與脂質大，能夠快速通過分離柱，蛋白質和脂質與填料間的相互作用力較大，通過色譜柱的速度較慢，因此可將外泌體與雜質高效分離，獲得純度較高的外泌體。

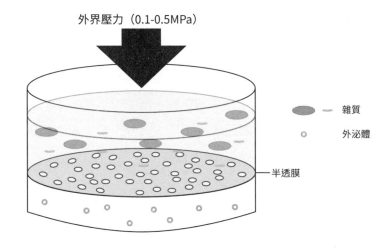

　　在中國《第二軍醫大學學報》中刊登的〈旋轉超濾：一種提取細胞外泌體的新方法〉文章中，提出一種用旋轉超濾技術從骨髓間充質幹細胞（Bone Marrow Mesenchymal Stem Cells, BMSCs）培養上清液中分離外泌體的新方法，主要是通過氮氣產生的壓力，將細胞上清液通過濾膜得到外泌體，再用 PBS 多次沖洗，減少培養液中蛋白質的污染。

超濾法的優點在於操作簡單，不需要特殊儀器，對樣本體積要求低，只須低速離心，就能減少高速引起的外泌體破裂，提取效率高，且不影響外泌體的生物活性，是提取細胞外泌體的一種新方法。但超濾法需要考慮膜的孔徑範圍，因為外泌體與大分子蛋白質可能黏附堵塞濾孔，影響外泌體回收率和純度。

微流控晶片法

簡單來說，微流控晶片技術是一種基於外泌體的物理和生物化學性質的微尺度分離，也是一種新興的檢測平臺，可相容多種外泌體分離方法，包括免疫親和分離、超濾法，還能結合聲波、介電泳動（Dielectrophoresis）、微流體黏彈性等，實現創新的分選機制。微流控裝置是由幾十到幾百微米的不同直徑微通道網路組成，能夠精確控制和操控微尺度流體樣品，而且微通道可以相互連接，使用額外裝置來驅使流體流動，從而分離出高純度的外泌體。

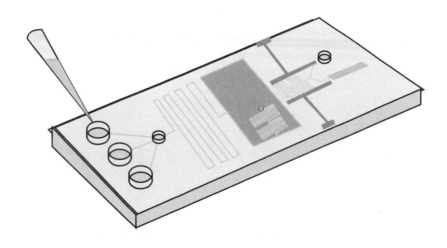

如 IBM 的科學家約書亞史密斯（Joshua Smith）團隊開發出一種新的奈米級確定性側向位移微柱晶片（Nanoscale Deterministic Lateral Displacement Pillar Arrays, nano-DLD）技術，能夠精確的自動化分離外泌體。這個晶片具有柱狀的不對稱陣列，較小顆粒以 Z 字形繞著柱子移動，與較大的癌症相關顆粒分離，可用於隔離和檢測特定類型癌症，加快癌症篩檢過程。

微流控晶片法的優點在於消耗樣本量小，有利於少量或稀有樣本的分離，而且方法簡單，快速分離與檢測都可在晶片上完成，且回收率高、純度好，提取過程中外泌體的損失也極少，缺點是缺乏標準化和大規模臨床樣本測試，也沒有相關的方法驗證，難以大規模應用。

切向流過濾法

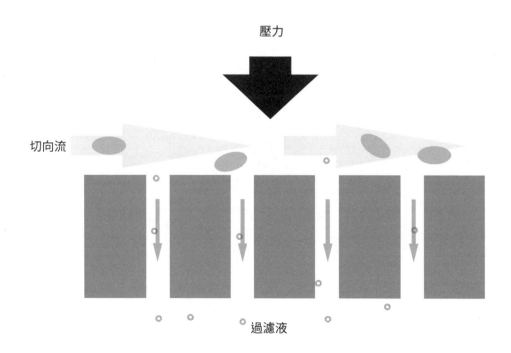

切向流過濾（Tangential Flow Filtration, TFF）是指液體流動方向與過濾方向呈垂直方向的過濾形式。與傳統的過濾方式相比，切向流過濾膜表面的顆粒堆積較少，過濾速度穩定，適用於大體積樣品的分離。操作原理是在泵送推動流體通過濾膜表面時，大於膜孔徑的分子被沖刷截留並逐步濃縮，小於膜孔徑的物質則透過膜而分離出來，實現大小分子的分離，可應用於生物製品的濃縮、提純、透析，也可用於發酵液或細胞培養液中細胞與細胞碎片的去除澄清。

來自美國麻州大學醫學院的研究人員在《分子治療期刊》（*Molecular Therapy Journals*）發表了〈通過切向流過濾從 MSC 的 D 培養物中產生的外泌體顯示出更高的產量和更高的活性〉（*"Exosomes Produced from 3D Cultures of MSCs by Tangential Flow Filtration Show Higher Yield and Improved Activity"*），提出結合 3D 細胞培養與切向流過濾（TFF）的新方法，來分離間充質幹細胞的外泌體。研究結果證實，3D 細胞培養結合切向流過濾法可將外泌體的產量提高一百四十倍，而且這些外泌體在治療性小分子干擾核糖核酸（small interfering RNA, siRNA）轉移至原代神經元的能力上，具有七倍的活性。切向流過濾具有高純度、分離時間短的優點，有助於後續放大生產具生物活性的外泌體，美中不足的是 3D 細胞培養的中空纖維生物反應器，製造門檻比較高，但過濾液不易受到干擾，也不容易堵塞。

常見提取法優缺點比較對照表

提取方法	優點	缺點
差速離心法	金標準 適合製備大體積樣本	耗時費力 回收率低 超速離心設備成本高
密度梯度離心法	分離效果好 提取純度高	耗時 步驟繁瑣
聚乙二醇 （PEG）沉澱法	可擴大樣本容量 使用方便，不需專業設備	雜蛋白汙染多 顆粒大小不一 試劑盒價格昂貴
免疫捕獲法 （親和層析法） （免疫磁珠法）	分離純度高 特異性高 可獲得高純化的外泌體	樣本處理量低 只適用有特異性標記的外泌體
尺寸排阻色譜法	操作簡單 純度與提取效率高 保持外泌體活性	耗時 特殊設備價格昂貴，不利於廣泛應用
超濾法	操作簡便、快速 回收率高	濾膜易耗損或堵塞 過濾壓力太大可能會造成外泌體損失
微流控晶片法	快速 可自動化 回收率高	缺乏標準化和大規模臨床樣本測試
切向流過濾	高純度 分離時間短	製造門檻高，須搭配 3D 培養的 中空纖維生物反應器

外泌體的其它提取方法

　　作為一種生物細胞訊息傳遞的載體，外泌體的提取方法與效率是影響後續應用的重要關鍵。然而外泌體的異質性很強，顆粒直徑大小不同，差異也非常大。目前對於外泌體的分離方法尚未有統一的標準，科學研究最常用的純化方法仍是差速離心法，但這個方法耗時費力且回收率低，因此在不斷優化演進下，發展出密度梯度離心、試劑盒提取法等其他分離技術，可望在臨床與實驗操作上能有更好的運用。

試劑盒提取法

　　由於差速離心法所需的樣本量大，外泌體回收率低，超速離心機設備造價昂貴，而且耗時又費力，因此近年市場上出現愈來愈多商品化的外泌體提取試劑盒，有的透過篩檢程式來過濾雜質成分，有的採用排阻色譜法進行分離，也有用聚合物沉澱法來提取外泌體。試劑盒提取法的優點在於方便快速，不需要特殊設備，隨著產品不斷改良精進，提取效率與純化效果也相當不錯，廣受許多研究者的歡迎。

　　目前最常用的是美國 System Biosciences（SBI）公司在二〇〇九年研發的快速外泌體（Exo Quick）試劑盒，是利用聚合物沉澱法進行外泌體的分離技術，運作原理是透過聚合物網捕獲到大約 60-150nm 的外泌體，並且以低速離心方式就可以進行分離。操作方式是將適量的 Exo Quick 外泌體沉澱溶液加到樣本中，在 4℃ 到 5℃ 的條件下孵育，第二天以 1500×g 離心，並以 PBS 重懸沉澱即可獲得外泌體，整個過程只需三十

分鐘。這種方法適用於任何生物流體樣本的外泌體分離，提取的外泌體產量高於差速離心法與免疫磁珠法，缺點是試劑盒價格昂貴，成本較高，不利於臨床與實驗操作大規模應用。

德國 Qiagen 的 exoEasy Maxi Kit 也是實驗常見的外泌體試劑盒，採用膜親和離心柱，可從血漿、血清及細胞上清中純化外泌體與其他細胞外囊泡（EV）。但這個試劑盒是利用囊泡的通用生化特性來提取樣本中的細胞外囊泡，無法通過大小或細胞來源對 EV 進行區分。因此，在提取前需要對樣本進行離心或過濾，以便完全去除細胞、細胞碎片、凋亡小體等成分。操作方式是將預先過濾的樣本，與結合緩衝液（XBP）混合後，加至 exoEasy 親和性膜離心柱上，讓囊泡與膜結合，離心之後，再以洗滌緩衝液（XWP）洗脫在膜上的囊泡，純化出外泌體，整個實驗過程只需一小時。

紐西蘭 IZON 公司也研發出 qEV 試劑盒，是根據尺寸排阻色譜法設計的外泌體提取技術，qEV 試劑盒可以從細胞上清液或複雜生物體液中快速、簡便、無損的提取外泌體，而且提取的外泌體不包括囊泡聚合物，受蛋白污染的可能性較小，外泌體的生物活性較高。可惜的是，每次提取的外泌體體積約為 1.5 mL 左右，導致外泌體的濃度較低，如須提取高濃度的外泌體，則要進行進一步的外泌體收集與純化。

靜水過濾透析法

靜水過濾透析法（Hydrostatic Filtration Dialysis, HFD）是一種基於粒徑大小原理的分離技術，主要透過靜水壓力讓樣本中不同的大小分子先後通過透析管。其中，溶劑和小溶質很容易通過，而外泌體和其他囊泡這類較大的顆粒，就會留在透析管中而被收集。靜水壓力可讓均質流體均勻作用於一個物體表面上，施加較大壓力的同時，也能保證收集目標結構的完

整性，完成靜水過濾透析法後，使用差速離心法可將外泌體與滯留在透析管中的其他顆粒分離，獲得純化的外泌體。

靜水過濾透析法的優點是條件溫和，可保留外泌體的完整性與活性，缺點是處理大量樣品的效率低。

非對稱場流分離法

非對稱場流分離技術（Asymmetrical Flow Field-flow Fractionation, AF4）是近幾年新興的技術，它是基於粒徑大小原理，使用離心力、引力場、溫差、電場等不同方向的作用力，讓通道內不同體積大小的成分能以不同的速度通過，通過檢測的樣本成分依通過順序與顆粒，在通道上存留分布後，可對成分進行分析分離。

非對稱場流分離法的優點是在大尺寸範圍內可高度分辨並分離奈米顆粒，可用於分離不同的細胞外囊泡亞群，而且可自動化檢測，省時有效率，缺點是樣品容量小，回收率低。

脂質奈米探針法

還有一種新穎的脂質奈米探針法（Lipid Nanoprobe, LNP），是由美國賓州大學、東南大學的研究人員所研發，發表於《自然－生物醫學工程》（*Nature Biomedical Engineering*）期刊中，能快速且高效的分離出奈米級的細胞外囊泡（nEV），並從非小細胞肺癌患者分離的 nEV 中識別相關遺傳突變。

分離方式是採用生物素標記的聚乙二醇鏈和二醯基脂質尾作為標記探針，生物素塗層的磁亞微米顆粒作為捕獲探針，操作方法是將脂質尾部錨定到 nEV 膜中，讓標記探針與 nEV 結合，並將 nEV 固定在磁性顆粒

上，最後以磁場來分離 nEV，整個分離程式僅需十五分鐘。

　　脂質奈米探針法的優點在於可快速分離外泌體，不需要昂貴的儀器與設備，可縮短樣品製備時間，並透過分離提取純淨的外泌體，缺點是實驗方法主要針對細胞上清培養液與血漿來源外泌體，使用上不夠普及。

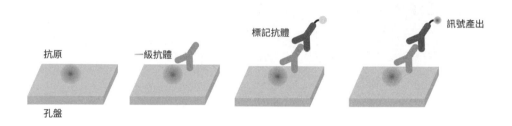

其他提取方法優缺點比較對照表

提取方法	優點	缺點
試劑盒提取法	方便快速 不需要特殊設備 回收率高	試劑盒價格昂貴
靜水過濾透析法	條件溫和，可保留外泌體的完整性與活性	處理大量樣品的效率低
非對稱場流分離法	可自動化檢測，省時有效率	樣品容量小，回收率低
脂質奈米探針法	可縮短樣品製備時間，高效分離外泌體	使用上不夠普及

外泌體的
鑑定及保存方法

3

常用外泌體鑑定方法

由於目前的提取技術是根據外泌體的大小、結構和一些膜蛋白的捕獲，很難獲得十分純淨而且單一的外泌體，因此必須對外泌體進行鑑定，才能評估外泌體的純度與完整性。

外泌體的鑑定主要是透過物理特徵如形態、顆粒大小等，與表面成分如蛋白質與核酸物質等兩大方面來進行鑑定，常用的方法包括使用電子顯微鏡技術（Electron Microscope, EM）進行形態鑑定，免疫印跡技術（Western Blot, WB）進行蛋白質標記物鑑定，流式細胞術（Flow Cytometry, FCM）檢測生物標記物、奈米顆粒追蹤分析（Nanoparticle Tracking Analysis, NTA）觀察粒徑分布，以及新興的液相色譜–質譜聯用技術（Liquid Chromatography–mass Spectrometry, LC-MS）等。

根據國際細胞外囊泡協會（International Society for Extracellular Vesicles, ISEV）在二〇一八年於協會會刊《胞外囊泡雜誌》（*Journal of Extracellular Vesicles*）中針對囊泡研究提出的「2018 最小試驗要求」（MISEV2018），對於單一細胞外囊泡的群體表徵，要求至少需要使用兩種不同、但互補的鑑定方法。由於各種鑑定方法各有優缺點，因此須視研究實驗需求來做搭配，以下就常見的鑑定方法來做說明。

電子顯微鏡技術（電鏡技術）

外泌體是奈米級的小囊泡，直徑約為 30-150nm 之間，傳統的光學顯微鏡無法顯示外泌體的清晰影像，必須借助電子顯微鏡技術來達成。

目前常見的電子顯微鏡技術有穿透式電子顯微鏡（Transmission Electron Microscopy, TEM）、掃描式電子顯微鏡（Scanning Electron Microscopy, SEM）、低溫透射電鏡技術（cryogenic Transmission Electron Microscopy, cryo-TEM）、原子力顯微鏡（Automic Forcemicroscopy, AFM）等具有高解析度，可以直接觀察外泌體的結構與形態，並測量外泌體的大小。

▶掃描式電子顯微鏡技術

掃描式電子顯微鏡（Scanning Electron Microscopy, SEM），主要是利用二次電子信號成像來觀察樣品的表面形態，意即使用極狹窄的電子束去掃描樣品，透過電子束與樣品的相互作用產生各種效應，獲得樣品表面微觀組織結構與形態的高解析度資訊。隨著設備技術不斷精進，現在的SEM 解析度已經達到 1nm 左右，足以用來進行外泌體尺寸的測量。

SEM 的優點是樣品製備簡單，可得到表面微觀形貌；缺點是樣品表面需要導電，分辨率不如穿透式電子顯微鏡高。

▶穿透式電子顯微鏡技術

穿透式電子顯微鏡（Transmission Electron Microscopy, TEM）的運作原理是把經高壓加速和聚集的電子束，投射到非常薄的樣品上，電子與樣品中的原子碰撞而改變方向，從而產生立體角散射。散射角的大小與樣品的密度、厚度相關，因此可以形成明暗不同的影像，再將影像放大投射在螢光屏、膠片等成像器具上，就成了肉眼可觀察的電子顯微圖像。目前TEM 的分辨力可達 0.2nm。

TEM 的優點是可直接觀察外泌體的內部結構和形貌。其缺點是試樣製備繁複，因為樣品必須在真空環境下進行，須加以脫水乾燥或經過負染色技術，這些步驟可能會影響外泌體的形態與大小，不適合進行大量快速的測量。

▶低溫透射電鏡技術

低溫透射電鏡（cryogenic Transmission Electron Microscopy, cryo-TEM）是穿透式電子顯微鏡的相關技術之一，在科學家韓德森、法蘭克、杜波克特的研究下，發現可以用液態氮（通常為 -196℃）來冷凍樣品，突破原子級的解析度，還因此獲得二〇一七年的諾貝爾化學獎。

此技術應用在外泌體上，則是可在 -100℃的冷凍條件下，對接近天然狀態的外泌體完成分析與鑑定，優點是可保持樣品良好的生物結構，直接觀測無須染色，缺點是須具備冷凍樣品的技術能力。

▶原子力顯微鏡

原子力顯微鏡（Automic Forcemicroscopy, AFM）是一種奈米級高分辨的掃描探針顯微鏡，於一九八六年由 IBM 蘇黎士研究實驗室的卡爾文奎特（Calvin Quate）等人發明。原子顯微鏡的表面有精密的懸臂與探針，在掃瞄樣品時不須物理接觸，而是經由探針尖端的移動，透過軟體建立 3D 圖像。與電子顯微鏡不同，原子顯微鏡能提供外泌體形態的真實 3D 影像，而且待測樣品不需導電性也可以測量。

原子力顯微鏡適用於外泌體的尺寸測量，優點是靈敏度高，樣品製備簡單且快速；缺點是吞吐量低，價格昂貴。

綜上所述，電子顯微鏡技術的主要優點在於可直接觀察結構和形態，鑑別不同大小的外泌體，缺點是樣品的準備階段比較複雜，不適合對外泌體進行大量快速的測量，且因外泌體經過了預處理和製備過程，無法準確測量其濃度。

免疫印跡技術

　　免疫印跡技術（Western Blot, WB），又稱「蛋白質印跡法」，是根據抗原抗體的特異性結合檢測樣品中某種特定蛋白的技術，也是在分子生物學、生物化學和免疫遺傳學中常用的一種實驗方法。由於外泌體含有種類豐富的蛋白質成分，包括四跨膜蛋白家族如 CD9、CD 63、CD81、CD82 等、膜聯蛋白（Annexins）、Rab 蛋白，以及參與生物功能的分子，如凋亡轉接基因 2（ALG-2）互作蛋白 X（ALIX）、腫瘤易感基因101 蛋白（TSG101）等，都可以作為特定的蛋白標記物來鑑定外泌體。然而，免疫印跡技術只是作為初步判定工具，因上述蛋白並非是外泌體獨有的，只是外泌體裡含量較多，在許多細胞也有可能有相同的的蛋白質成分，所以無法直接證明樣品全然是外泌體。

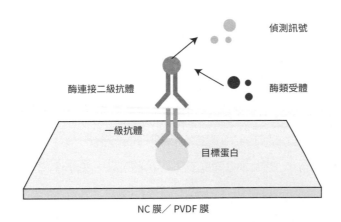

　　免疫印跡技術的原理，是透過特異性抗體對凝膠電泳處理過的細胞，或生物組織樣品進行著色，通過分析著色的位置和著色深度，獲得特定蛋白質在所分析的細胞，或組織中的表現情況的資訊，來分析檢測特

定蛋白質的生物學檢測技術。參照標準的 WB 檢測步驟，可利用外泌體表面抗原遞呈蛋白如 CD63、CD8、TSG101、Flotillin-1、ALIX、CD9、CD81、CD82 等的優質單株抗體，提高鑑定結果的可靠性。《世界華人消化雜誌》中有研究者以〈肝癌細胞外泌體的分離與鑑定〉為題，使用 ALIX、CD63 和 CD9 單株抗體對肝癌細胞的外泌體，進行了成功鑑定。

免疫印跡技術的優點是操作方法成熟，可對外泌體進行定量分析，而且分析容量大、敏感度高、特異性強。不過，因為外泌體不同類型的細胞來源，檢測的標記物可能有所不同，加上提取方法的限制，若提取的外泌體的濃度不高，免疫印跡技術也有可能會檢測不出來。

流式細胞術

流式細胞術（Flow Cytometry, FCM）主要是透過流式細胞儀進行檢測，對於懸浮於流體中的單細胞或其他生物粒子，通過檢測標記的螢光信號，實現高速、逐一的細胞定量分析和分選技術，廣泛應用於現代生物學、生物醫學、腫瘤學、血液學、免疫學、藥理學與臨床研究等領域中。尤其近年推出的奈米級流式細胞儀，更為微觀的外泌體研究提供了新利器。

大多數的流式細胞儀主要是針對細胞而設計，散射光的檢測極限通常為 500nm 左右，但外泌體的粒徑約 30-150nm，低於常規流式細胞儀的檢測範圍，因此無法直接進行分析。若要採用流式細胞術來檢測，往往需要使用塗染特異性抗體的磁珠或乳膠微球，透過識別與外泌體結合以增大表面積、增強反射，或者加入奈米金顆粒來增加外泌體粒徑之後再檢測。

目前市面上已推出高靈敏的流式細胞儀，如英國 Apogee 公司的超靈敏奈米顆粒分析儀，Apogee Micro Plus 是專為外泌體等奈米顆粒優化設計的多參數快速分析設備，超靈敏散射光可對小至 70nm 的奈米

顆粒，以 10nm 的解析度對樣品進行大小分析，並可結合多色螢光標記，對樣品進行更多資訊解析。還有學者在美國化學學會的《ACS 奈米》（*ACS Nano*）期刊，發表了〈通過流式細胞術檢測結直腸癌患者的細胞外囊泡〉（"*Extracellular Vesicles from Colorectal Cancer Patients via Flow Cytometry*"）文章，研究中搭建了以一種高靈敏的流式細胞儀（HSFCM），將可檢測的外泌體粒徑降至 40nm，能夠在不連接微珠的情況下實現每分鐘一萬個外泌體檢測，並結合免疫螢光的方法進行外泌體標記蛋白質的定量檢測。

流式細胞術的優點在於快速、高通量，可分析外泌體的顆粒大小與體積，所需樣本的濃度較低；缺點是傳統流式細胞儀的測量極限為 500nm，操作上相對複雜，對抗體特異性要求高。然而高靈敏的流式細胞儀推出後，解決了傳統流式細胞儀的測量極限，操作上也更方便，若是沒有價格成本的考量，也是不錯的選擇。

奈米顆粒追蹤分析技術

奈米顆粒追蹤分析技術（Nanoparticle Tracking Analysis, NTA）可用於檢測外泌體濃度與粒徑分布，是近年來新興的奈米級測量技術之一。相較於其他技術，奈米顆粒追蹤分析可以對 10-2000nm 範圍內的奈米顆粒，進行快速實時動態檢測，具有極高的分辨率，即使粒度較為接近的顆粒仍可準確分析。

此項分析技術的工作原理，是利用雷射光源照射奈米顆粒懸浮液，如外泌體提取液，藉由調整背景底色，增強信號對比度，讓奈米顆粒產生光散射，在顯微鏡下呈現一顆顆的光點。奈米顆粒在懸浮液中受到周邊溶液分子的撞擊，會產生不規則的布朗運動，通過斯托克斯–愛因斯坦（Stoke-Einstein）方程式，即可對顆粒進行粒徑、散射光強度、數量及濃

度檢測，並且同時獲得布朗運動下移動顆粒的動態影像。

目前市面上常用的有英國 Malvern 公司生產的馬爾文奈米顆粒追蹤分析儀（NanoSight），可以在既有準備的溶液下進行測試，為外泌體的結構與功能提供了很好的保護，也讓外泌體顆粒在更接近其原始狀態下進行測量，確保了資料的真實性和有效性。Nanosight 同時擁有獨一無二的濃度測量技術，也為研究人員提供可靠的外泌體濃度資料。

作為一種新興的奈米測量技術，奈米顆粒追蹤分析的優點為可快速、直接觀察奈米顆粒，不破壞外泌體原始狀態，擁有高分辨率、準確的濃度測量，並具有螢光分析樣品的能力，如外泌體表面有 CD9、CD63 等特異性標記蛋白，在複雜的環境下如血清、尿液等，可用螢光抗體標記外泌體，並用奈米顆粒追蹤分析，實現對外泌體的測量。其缺點在於需要以不同稀釋度對樣品進行多次測量，也不能檢測生物化學成分或細胞來源。

液相色譜－質譜聯用技術

液相色譜－質譜聯用儀（Liquid Chromatography–mass Spectrometry, LC-MS），又稱為「液質聯用儀」，主要是以 LC 液相色譜為分離系統，MS 質譜儀作為檢測系統，因而兼具有液相色譜高分離度，與質譜高靈敏度的特點，普遍應用於藥物代謝動力學、蛋白質組學、代謝物組學、藥物開發等領域。

近年來，LC-MS 技術也用於外泌體蛋白質組學的研究，主要是利用 LC-MS 技術，可以獲得試樣的蛋白質譜，與先前鑑定的外泌體標記蛋白進行比較，從而區分與鑑定試樣是否為外泌體。有研究者在《繼續醫學教育》期刊以〈人 HEK293T 細胞外泌體的蛋白質組學分析〉為題，使用人胚胎腎細胞（HEK293T）的細胞培養液進行研究。實驗中，通過差速離心法成功提取外泌體，並通過 LC-MS 方法鑑定外泌體蛋白質。這項實驗

流程可用於不同外泌體樣本的差異蛋白質組學研究，區分不同外泌體中表達蛋白的差異，也能分析其作為蛋白標記物的可能性，未來或許可進一步應用於臨床診斷。

　　LC-MS 的優點，在於結合了 LC 的高分離效能與 MS 強大結構測定功能，適用於複雜樣品，如外泌體的鑑定分析，提高分析效率，能在外泌體的蛋白組學研究廣泛應用；缺點是單個液相色譜或者質譜價格不菲，如果要液質聯用，需要較大的成本。

常見外泌體鑑定方法優缺點比較對照表

鑑定方法	優點	缺點
電子顯微鏡技術	能直接觀察結構和形態，鑑別不同大小的外泌體	樣品須乾燥與負染色處理製備複雜、要求較高，不適於大量快速測量
免疫印跡技術	操作方法成熟，可對外泌體進行定量分析分析容量大、敏感度高、特異性強	不同細胞來源的外泌體，檢測的標記物可能有所不同
流式細胞術	快速、高通量，可分析顆粒的大小與體積，所需樣本的濃度較低	傳統流式細胞儀有測量極限，操作複雜
奈米顆粒追蹤分析技術	不破壞外泌體原始狀態，擁有高分辨率、準確的濃度測量，具有螢光分析樣品的能力	須以不同稀釋度對樣品進行多次測量，無法檢測生物化學成分或細胞來源
液相色譜–質譜聯用技術	適用於複雜樣品如外泌體的高效分析	設備價格昂貴

外泌體的保存方法

外泌體是具有雙層脂質膜結構的微小囊泡，穩定性高，可以保護蛋白質、RNA 等內含物免受體液中的各種酶影響，保持其完整性與生物活性。但是不同的保存溫度、環境、時間、介質，會影響外泌體的形態與生物活性；不同來源的外泌體，也需要不同的保存條件。為了讓提取後的外泌體順利進行後續研究與臨床試驗，如何穩定保存而不喪失生物活性顯得格外重要。以下將針對常規的保存條件，不同外泌體來源的保存方法，以及新興的保存技術來做分析。

常規保存條件

實驗室中常規的外泌體保存條件主要為 4℃、-20℃、-80℃。以保存時間來說，多半建議一週之內短時間使用，可以在 4℃保存，如果長時間保存則以 -20℃或 -80℃為佳。由於目前對於外泌體保存尚無絕對的定論，或許可以從研究文獻中尋找可參考的資訊。

在《胞外囊泡雜誌》刊登的〈儲存溫度對氣道外泌體完整性的影響，用於診斷和功能分析〉（*"Effects of Storage Temperature on Airway Exosome Integrity for Diagnostic and Functional Analyses"*）研究中，使用差速離心法提取小鼠支氣管肺泡灌洗液（Bronchoalveolar Lavage Fluid, BALF）中的外泌體，將外泌體樣本分為新鮮提取、4℃或 -80℃保存等三組，透過動態光散射（Dynamic Light Scattering, DLS）、穿透式電子顯微鏡（Transmission Electron Microscope, TEM）與介面（Zeta）電位來觀察外泌體結構。

外泌體於電子顯微鏡（TEM）成像

新鮮萃取　　　　　4℃保存四天　　　　-80℃保存四天

結果顯示，相較於新鮮提取的外泌體樣本，4℃下儲存的外泌體直徑增加了 10％，電位數值降低，顆粒有群聚傾向；-80℃保存的外泌體直徑增加了 25％，電位數值降低，且有多層結構產生。另外，以液相色譜－質譜聯用技術（LC-MS/MS）評估外泌體蛋白質含量，結果顯示，無論 4℃ 或 -80℃低溫儲存都會造成蛋白質洩漏。為了維持外泌體蛋白質含量和功能，使用新鮮萃取的外泌體最佳。

在醫學雜誌《藥物釋放》（*Drug Delivery*）刊登的〈用於功能分析和治療應用的小細胞外囊泡的保存：儲存條件的比較評估〉（*"Preservation of Small Extracellular Vesicles for Functional Analysis and Therapeutic Applications: A Comparative Evaluation of Storage Conditions"*）研究中，他們以小鼠腦微血管內皮細胞 bEnd.3 來提取外泌體，評估了在 4℃、-20℃ 和 -80℃下儲存長達二十八天的外泌體穩定性。結果發現，不同的保存溫度與保質期會影響外泌體的穩定性。4℃的環境在第一週內保持了外泌體的完整性，但在十四天後，總 RNA 含量開始下降，但 -20℃或 -80℃可維持 RNA 含量。因此建議，對於提取後的外泌體可在 4℃或 -20℃下進行短期保存，-80℃條件則適合長期保存。

如何保存不同來源的外泌體？

　　外泌體廣泛於存在細胞上清液，以及血液、淋巴液、唾液、尿液、精液、乳汁等各種體液中，能在細胞間傳遞訊息，可作為疾病治療與藥物載體等多種應用。然而，不同的保存條件對於不同來源的外泌體，產生的保存效果也有差別，《中國細胞生物學學報》刊登的〈外泌體提取及保存技術研究進展〉研究中指出，血清中提取的外泌體 DNA 含量，在不同保存環境下可保持穩定；血漿存放於 4℃時，其 RNA 會顯著降解，在 -20℃下長期保存，也會導致血漿中外泌體總 RNA 降解，但 miRNA 卻十分穩定。這顯示了，外泌體 miRNA 作為生物標記物的潛力。

　　科學家安賈娜傑亞拉姆（Anjana Jeyaram）等人在《美國藥學科學家協會雜誌》（*AAPS Journal*）發表的〈用於治療應用的細胞外囊泡的保存和儲存穩定性〉（"*Preservation and Storage Stability of Extracellular Vesicles for Therapeutic Applications*"）研究中，則以各種生物樣本如精液、尿液、牛奶、血液、支氣管肺泡灌洗液等來做分析，試圖找出不同來源外泌體的最佳保存方式。研究顯示，精液在 -80℃下冷凍二年，甚至長期冷凍三十年，其外泌體的物理性包括形態、濃度與大小都得以保留，總 RNA 含量也沒有顯著改變；尿液在 -80℃下可有效保存，而在 -20℃的條件下，與新鮮尿液相比，外泌體會大量損失。

　　儲存在 -80℃的牛奶外泌體，幾個月後大部分沒有凝結，活性損失也很少；血漿樣品在室溫下保存四十二小時，或 -80℃下保存十二年後，仍可分離出 EV，而不會降低 RNA 水平；血清外泌體中所含的 DNA 在不同環境下也保持穩定；支氣管肺泡灌洗液（BALF）在 4℃和 -80℃的儲存過程中，對於形態特徵與蛋白質含量會有不同程度的丟失。整體來說，-80℃冷凍條件被公認為是各種生物樣本最適合的保存環境。

凍乾技術的應用

雖然目前研究最常用的保存方法為 -80℃冷凍保存，但是冷凍保存可能會導致外泌體形狀與物理性質的改變，也可能導致多層囊泡的形成和聚集，反復凍融也會導致外泌體表面分子的生物活性、含量和標記物組成產生變化，而且在處理或運輸過程中，有時很難維持這種低溫條件，因此需要尋求一種新的、穩定的保存方式。

過去常用於保存易腐壞食物的冷凍乾燥技術（Freeze Drying），因為可以在低溫下進行，讓蛋白質、微生物等熱敏性物質不會改變性質或失去生物活力，而且可在室溫下保存，因此近年來也應用於外泌體的儲存。二〇一六年，Johnny 等人在〈優化來自臨床腦脊液的細胞外囊泡 miRNA 的保存〉（"Optimizing Preservation of Extracellular Vesicular miRNAs Derived from Clinical Cerebrospinal Fluid"）中，從膠質母細胞瘤患者腦脊液中分離出外泌體，並採用凍乾技術來優化外泌體中的 miRNA 保存。研究發現，外泌體在凍乾後於室溫中，至少可穩定保存七天。

之後有更多研究者，嘗試在外泌體的凍乾過程中加入海藻糖（Trehalose）與甘露醇（Mannitol）等作為冷凍保護劑，來保持外泌體活性。如查倫維里亞庫爾（Charoenviriyakul）等人在〈使用凍乾法在室溫下保存外泌體〉（"Preservation of Exosomes At Room Temperature Using Lyophilization"）研究中，使用海藻糖作為冷凍保護劑，來進行黑色素瘤外泌體的凍乾。研究發現，使用海藻糖凍乾之後，外泌體的蛋白質和 RNA 受到保護，而且凍乾的外泌體即使在 25℃下保存，也能保持生物活性約四週，證明了可使用凍乾法在室溫下保存外泌體。

Elia 等人則以〈用於無細胞再生納米醫學的間充質乾／基質凍乾分泌組的中試：經過驗證的符合 GMP 的工藝〉（"Pilot Production of Mesenchymal Stem/Stromal Freeze-Dried Secretome for Cell-Free Regenerative

Nanomedicine: A Validated GMP-Compliant Process"）作為研究，在間充質幹細胞外泌體的試生產過程中，提出了一種符合 GMP 的創新程序，以超濾法結合凍乾技術，來大規模生產臨床級外泌體。他們在凍乾過程中加入了甘露醇做為冷凍保護劑。甘露醇是一種醣類，可以保護外泌體的蛋白質與脂質免受冷凍過程中冰晶產生的損害，並抑制脫水後的囊泡融合與聚集。實驗結果顯示，雖然外泌體在超濾與凍乾過程中難免受到應力而破裂，但整體來說，仍能在不改變外泌體形態與完整性下，大量收集生產，也減少了蛋白質和脂質含量的可變性。

外泌體的使用，以新鮮提取直接使用效果最佳，但未來如果要商品化，必須考慮保存條件，但一般的冷凍保存，不論是 -20℃ 或是 -80℃，都會使外泌體的活性或是結構被破壞，凍乾技術的發展使其保存更加方便，凍乾外泌體保留了生物活性，不需要昂貴的冷鏈或其他嚴苛的儲存條件。但如何長期完整保留外泌體的成分及活性，依舊是目前科學家們研究的課題之一。

外泌體
的功效及應用

4

呼吸系統疾病應用

　　外泌體與肺結核、哮喘、肺癌、慢性阻塞性肺疾病（Chronic Obstructive Pulmonary Disease, COPD）、甚至是二〇一九年底肆虐全球至今的新型冠狀肺炎（COVID-19）等多種呼吸系統疾病的發生有密切關聯，在診斷、治療、預後判斷方面也發揮重要作用。研究發現，外泌體中的 miRNA 可作為呼吸系統篩查和診斷的生物標記物，除了從常見的周邊血液（Peripheral Blood）、痰液、支氣管肺泡灌洗液提取外泌體 miRNA 以外，呼出的氣濃縮物也能用來診斷肺部疾病。

　　外泌體攜帶 mRNA、miRNA 和蛋白等多種活性物質，透過與周圍的細胞組織進行訊息傳遞，改善受體細胞功能，保護損傷組織，並多方促進細胞的炎症反應和免疫調節，以及信號轉導等過程，成為調控呼吸系統疾病的潛在靶點，也為慢性呼吸系統疾病的診斷與防治帶來新的治療希望。

肺結核

　　肺結核是一種由結核桿菌引起的傳染病，主要靠飛沫或空氣傳染，結核桿菌可長期潛存在人體內伺機發病，一般人受到感染後一生中約有 5-10% 機會發病，常見症狀為咳嗽超過兩週、體重減輕、發燒等，只要配合醫師提供的抗結核藥物治療，結核病是可以治癒的。

　　外泌體在結核桿菌發病的過程中有著重要的調控作用，既可作為介質在細胞與細胞之間傳遞發炎因子，還可促進抗原提呈與巨噬細胞活化，達到免疫監控的機制。研究顯示，外泌體中 miR-142-3p 在活動性肺結核

診斷中具有潛在價值，結核感染的外泌體中也存在與結核免疫信號通路相關聯的 miRNA，其中，miR-142-3p 具有作為結核診斷生物標記物的潛在應用前景。

另外，有研究將使用結核桿菌培養濾液蛋白（Culture Filtrate Protein, CFP）處理的巨噬細胞釋放的外泌體，接種在小鼠身上，並與卡介苗接種小鼠相比，發現兩者的輔助 T 細胞（Th1）存在著相似的免疫反應，顯示外泌體具有作為肺結核疫苗的可能性。

哮喘

哮喘是一種常見的慢性氣道炎症性疾病，由肺結構細胞（如上皮細胞、成纖維細胞及內皮細胞等）、炎症細胞（如嗜酸粒細胞、肥大細胞、嗜中性粒細胞及 T- 淋巴細胞等）和炎性因子之間的相互作用引起。近年相關研究指出，外泌體與哮喘的炎症反應有關，可誘導炎症細胞的轉移，在哮喘發病機制中發揮了一定的作用。

哮喘慢性發炎的過程中，多種炎症細胞和肺結構細胞均會釋放外泌體，活化或者抑制其他哮喘相關細胞，讓炎症反應更加強烈。哮喘患者中，嗜酸粒細胞外泌體分泌量增多，誘導炎性因子的生成，破壞氣道中的正常細胞和組織，促進強嗜酸粒細胞的轉移和黏附作用。

研究發現，外泌體抑制劑 GW4869 可減少 BALF 中 Th2 型細胞因子的含量及嗜酸粒細胞數量，緩和哮喘的氣道炎症反應，彰顯外泌體在哮喘治療上的可行性，或許可成為替代傳統哮喘治療的新方法，特別是針對重度哮喘。但外泌體治療法在不同類型及間歇、輕度、中度、重度等程度的哮喘中，所能發揮的作用和治療上的安全性，仍有待進一步研究驗證。

肺癌

　　肺癌是現代人常見癌症之一，也是癌症死亡主因。肺癌的兩種組織學亞型為非小細胞肺癌（Non Small Cell Lung Cancer, NSCLC）和小細胞肺癌（Small Cell Lung Cancer, SCLC），其中NSCLC包含80%以上的肺癌，如腺癌、鱗狀細胞癌和大細胞癌。自肺癌活檢組織分離出的外泌體中，近80%含有表皮生長因子受體（Epidermal Growth Factor Rreceptor, EGFR）。EGFR可能誘導致耐受性DC和調節性T細胞，最終導致腫瘤抗原特異性CD8⁺細胞受抑制。外泌體還可以防止DC成熟和功能。

　　單核細胞是腫瘤相關巨噬細胞（TAM）的前體，外泌體在單核細胞存活和腫瘤炎性生態位內TAM生成中起關鍵作用。外泌體通過傳遞功能性受體酪氨酸激酶觸發單核細胞中的促分裂原活化蛋白激酶（Mitogen-activated Protein Kinase, MAPK）通路，進而抑制凋亡相關半胱天蛋白酶（Caspases）。

　　肺癌中，腫瘤相關巨噬細胞與腫瘤細胞相互作用引起腫瘤進展。腫瘤相關巨噬細胞釋放的外泌體對於癌症進展也很重要。腫瘤微環境中，外泌體的不同機制強化了外泌體作為癌症進展主要參與者的作用。

慢性阻塞性肺疾病

　　慢性阻塞性肺疾病（Chronic Obstructive Pulmonary Disease, COPD）是一種慢性肺部疾病，包括慢性支氣管炎及肺氣腫等，成因大多為肺部對有害的顆粒和氣體的異常炎症反應。研究發現，外泌體中的蛋白質分子在COPD不同病程中的含量存在差異，並可能通過活化相關訊號通路，影響COPD患者的急性發作次數。

　　COPD分為穩定期及急性發作期。穩定期患者可能因細菌病毒感

染，氣候環境變化，未按時服藥等因素出現 COPD 的急性發作；急性發作期患者經過積極系統治療，症狀可得到控制，但每次急性發作，肺組織結構功能均會受到損傷，導致患者肺功能每況愈下，加速情惡化，引發肺源性心臟病、呼吸衰竭等，嚴重時還會造成患者死亡。

研究人員發現，可透過外泌體中的蛋白質與 miRNA 含量來作為 COPD 的生物標記物。結果顯示，無症狀重度吸菸者和 COPD 患者血清 miR-21 水準明顯高於健康對照者，而 miR-181a 水準顯著降低，因此可推斷血清 miR-21 與 miR-181a 表達的數據高低，可能是 COPD 發展的危險因素，並且可能與重度吸菸者發生 COPD 的風險有關。

研究也發現，與健康對照組相比，COPD 患者血清 miR-20a、miR-28-3p、miR-34c-5p 和 miR-100 的表現下降，miR-7 升高，因此檢測外泌體中的 miRNA 可作為預測重度無症狀吸菸者發生 COPD 可能性的生物標記物。目前臨床上已確診為 COPD 的患者多有不同程度的肺功能損害，透過檢測患者體液相關外泌體水準，可有助於早期預測和評估 COPD 嚴重程度並判斷預後情況，可作為 COPD 臨床診斷手段的輔助。

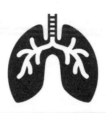

COPD 症狀
反覆咳嗽
慢性咳痰
呼吸困難

可做為診斷 COPD 的外泌體 miRNA 與 lncRNA

趨勢	miRNA 含量上升	miRNA 含量下降	lncRNA 含量上升	lncRNA 含量下降
列表	miR-218　miR-20a　miR-324-5p miR-146a　miR-28-3p　miR-101 miR-100　miR-34c-5p miR-152　miR-29b miR-342-3p　miR-26b miR-106b　miR-193a-5p miR-133b　miR-1 miR-146b-5p　miR-629 miR-365　miR-199a-5 miR-485-5p　miR-98 miR-532-5p　miR-149-3p	miR-183　miR-343-5p　miR-34c miR-133　miR-210　miR-30e-3p miR-132　miR-499　let-7c miR-145-5p　miR-422a　miR-30a-3p miR-199a-5p　miR-423-5p　miR-518b miR-146a　miR-425　miR-203 miR-200b　miR-486-3p　miR-125a-5p miR-200c　miR-424　miR-218-5p miR-206　miR-7　miR-3202 miR-1274a　miR-15b miR-212　miR-34a miR-223　miR-34b	HOTAIR H19 SALRNA2 SALRNA3 MALAT1 MEG3 TUG1 BC038205 BC130595 LOC646329	SAL-RNA1 LOC729178 LOC339529 PLAC2 SNHG5 COKN2X-AS1 LINC00229

新型冠狀病毒肺炎

　　新型冠狀病毒肺炎（COVID-19）在全球大規模流行，目前已有上億人感染，死亡人數也達數百萬，主要的致死原因為快速的肺部發炎與全身性發炎反應，導致急性呼吸窘迫症候群（ARDS），肺部纖維化與呼吸衰竭。國際期刊《醫學前沿》（*Frontiers in Medicine*）的新研究指出，從孕婦生產時提取的羊水外泌體，成功治療三名新冠重症患者。

　　在這項研究中，有三名住院四十天以上的重症新冠肺炎患者，都已經出現呼吸衰竭，多器官併發症的問題，團隊使用從羊水中提取的外泌體治療劑。經過二十八天治療後，三名患者的呼吸系統與全身發炎問題都獲得改善。這次的案例首次證明了人類羊水衍生的外泌體，對於治療新冠肺炎所引起的呼吸衰竭，是安全且可能有效的治療方法。

　　由於外泌體分子小，容易被吸收，獨特的脂質雙層構造，與其他細胞容易相容，可對身體帶來再生修復的作用，已有不少臨床研究都顯示出外泌體的抗炎與組織再生作用，這項研究也為新冠肺炎治療帶來了新希望。

消化系統疾病應用

　　消化系統腫瘤臨床的診療一向以組織活檢測為基準，檢測主要標的包括循環腫瘤細胞，循環腫瘤 DNA 和外泌體。外泌體近年來成為液體活組織檢測的新興標記物，其脂質雙分子層包裹的蛋白質、核酸等物質，參與細胞之間的溝通，也具有微創、穩定性佳、有生物活性等優點，在消化系統腫瘤發生、復發與轉移中扮演一定的角色。

　　早期診斷與及時治療，可有效改善消化系統腫瘤患者預後狀況，但早期篩檢仍存在一些不利條件，如胃鏡、腸鏡等有創檢查容易造成患者不適感；肝臟超音波、大便潛血等無創檢查準確性不高；傳統腫瘤標記物甲型胎兒蛋白（Alpha-fetoprotein, AFP），靈敏度或特異度較差。

胰腺癌的早期診斷曙光

　　以高死亡率的胰腺癌（Pancreatic Cancer）為例，如 CA19-9 等早期臨床應用的腫瘤標記物缺乏特異性，被醫生確診時通常已經進入末期，患者預後治療效果不佳，主要是胰腺癌對化學療法具有抗藥性，且缺乏有效的標靶治療方法。二〇一五年的一項研究指出，磷脂醯肌醇聚糖 -1（Glypican-1, GPC1）陽性的外泌體，或許可以為胰腺癌的早期診斷找到一線曙光。

　　GPC1 在胰腺惡性腫瘤患者中靈敏度和特異度接近 100%，透過對外泌體外膜中富含的 GPC1 進行檢測，比 CA19-9 的檢測效能好得多，可精準預測早期胰腺癌的發生。另外，藉由對血清中 GPC1⁺ 外泌體進行定量檢測，可間接知道胰腺癌瘤體的大小，比利用核磁共振檢查更早偵測到胰

腺癌細胞的蹤跡。

雖然還需要大規模的臨床試驗來驗證 GPC1⁺ 外泌體作為腫瘤生物標記物的效果，但根據胰腺癌患者與健康人血清外泌體的蛋白質和 miRNA 的差異性，胰腺癌患者外泌體中的 CD44v6、Tspan8、EpCAM 和 CD104 等四種表面蛋白的含量，比健康者明顯高出許多。透過血清外泌體中的 miRNA 檢驗，發現胰腺癌患者 miR-17-5p 和 miR-21 的含量通常明顯偏高，這可作為潛在的胰腺癌生物標記物。

食道癌的早期診斷標記物

食道癌（Esophageal Cancer, EC）是全球第六大癌症死因，包括食道鱗狀細胞癌（Esophageal Squamous Cell Carcinoma, ESCC）和食道腺癌（Esophageal Adenocarcinoma, EAC）。由於食道是感受性較差的器官，腫瘤長在裡面幾乎沒感覺，所以食道癌早期不易發現，被認為是「沉默」的癌症，一被診斷出食道癌已進入中晚期，因此尋求早期診斷標記物，盡早發現病症進行治療，是醫療界努力的方向。

EC 腫瘤細胞或組織分泌的外泌體，含有特定的蛋白質和核酸，是腫瘤生長營養所需。針對這種外泌體進行檢測與分析，具有早期發現 EC 並提供參考診斷和病況評估的高度價值，例如外泌體中 miRNA-21 的含量，可反映食管鱗狀細胞癌的狀況，含量高，意味腫瘤大範圍浸潤與復發的可能。此外，外泌體也可以直接用作 EC 治療的轉運基因或藥物載體。

提升結直腸癌診斷技術

結直腸癌（Colorectal Cancer, CRC）是常見的消化系統惡性腫瘤之一，目前主要診斷手段靠內視鏡，但這是一種高成本的侵入性檢查，病

患接受度不高，效率低，準備過程又繁複。當前醫學日新月異，結直腸癌診療技術仍在精進中，研究人員積極尋找早期診斷及預測病況的生物標記物，開發以血液為基礎的腫瘤標記物。其中，結直腸癌患者外泌體表面富含的 EpCAM、CLDN7 和 CD44 等分子，與腫瘤的進展有密切關係。另外，新研發的高敏感螢光法（Exo Screen），對結直腸癌外泌體進行 CD147（用於鑒定結直腸癌細胞的表面抗原）的定量，替代 CEA 和 CA19-9 成為新的結直腸癌腫瘤標記物。

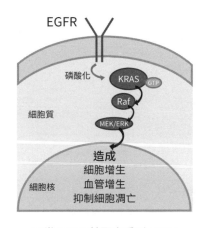

正常 KRAS 基因會受到 EGFR
調控誘發下游機制

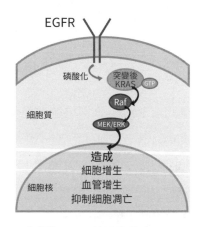

突變後 KRAS 基因會受到 EGFR
調控直接誘發下游機制，造成細胞
不正常增生形成癌細胞

　　KRAS（Kirsten 大鼠肉瘤 2 病毒致癌基因同源體）基因在結腸癌患者的突變率為 30% 至 40%，KRAS 基因突變導致 EGFR 信號通路持續活化，加速腫瘤細胞的增殖，促進腫瘤細胞的生長和擴散。研究人員在突變型 KRAS 基因結腸癌細胞分泌的外泌體中，發現突變的蛋白。外泌體將突變蛋白轉移至野生型 KRAS 基因的結腸癌細胞，促進野生型 KRAS 基因結腸癌細胞的生長。含有二十七種細胞周期相關 mRNA 的結直腸癌細胞外泌體，透過促進內皮細胞的生長及血管形成，也有促進腫瘤生長和轉移的作用。

胃癌診斷的新希望──CD97

　　胃癌（Stomach Cancer）的主要臨床診斷方法也是靠內視鏡，但早期症狀不明顯，臨床常用的腫瘤標記物敏感度差，因此胃癌通常確診就進入晚期，並且產生轉移狀況。如何早期發現和治療，是研究人員追求的目標。目前已知外泌體分泌的 CD97，透過 G α 12/13 協助調節腫瘤細胞對外傳達的訊號通路，證實 CD97 成為令人興奮的新型治療靶點，而外泌體中 CD97 的檢測，可望發展成為診斷胃癌的工具之一。

MET 蛋白在肝癌檢測上的研究

　　AFP 檢測是用來篩檢肝癌（Liver Cancer）的普遍方式，但缺點是敏感度偏低、特異性不足，還不能成為理想的腫瘤生物標記物。在侵襲性肝癌細胞外泌體中，可檢出 MET、S100A4、CAV1 和 CAV2 等多種蛋白，其中 MET 蛋白含量特別高，這種蛋白對肝癌的作用相當明顯，相對可用於檢測肝癌細胞的轉移。

　　MET 蛋白與細胞增殖、生長、移動和血管生成息息相關，其基因位於人類第 7 號染色體長臂（7q21-31），有 21 個外顯子（Exon），突變時會活化 PI3K-Akt、Ras-MAPK、STAT 和 Wnt/ β -catenin 等下游訊息傳遞路徑，與多種癌症形成有關。

CTC 於膽囊癌診斷

　　膽囊癌（Gallbladder Cancer）是膽道系統最常見的惡性腫瘤，由於缺乏有效的早期診斷策略，多數患者通常一確診就是晚期，失去切除根治的機會，術後五年生存率往往不到 5%，被認為是侵襲性和致死性最高的惡

性腫瘤之一。因此，膽囊癌的早期診斷和早期治療就顯得格外重要。

　　循環腫瘤細胞（Circulating Tumor Cells, CTCs）是膽囊癌預後危險因素，可被用來判斷病情治療效果及監測病情進展。應用 CTC 異常細胞分離染色儀結合免疫螢光的方法，是膽囊癌診斷，病情監測和病況預測的重要指標。

　　為了解膽管癌細胞與正常細胞間的差異，研究者培養正常的膽管細胞，SV40 侵染的無限增殖 H69 細胞，與兩種商品化的膽管癌細胞 EGI1、TFK1，從其中個別分離出細胞外泌體，並對其形態及抗原特徵進行比對分析。結果發現，四種樣本的外泌體，在形態及大小上並沒有明顯區別，免疫螢光分析發現兩種膽管癌腫瘤細胞中，CD63 的量顯著的高於正常細胞。

　　通過對比膽管癌（Cholangiocarcinoma, CCA），原發性硬化膽管炎（PSC）及肝癌的血清外泌體的蛋白差異，發現樣本間的蛋白質組學特徵，再對膽管癌細胞外泌體的蛋白質組學進行分析顯示，與正常人膽管細胞釋放的外泌體相比，其致癌蛋白的含量更高。

　　十二指腸癌的研究中發現，癌細胞分泌的外泌體富含 PABP1 蛋白，但細胞容不下 PABP 的大量囤積，外泌體 PABP1 蛋白排出胞外，代表十二指腸癌細胞開始轉移，所以外泌體 PABP1 也就成為轉移性十二指腸癌的分子標記物，並為診斷與治療提引了新的研究方向。

　　儘管消化系統腫瘤臨床的診療依然以組織活檢為主，但外泌體攜帶的蛋白質與 miRNA 可作為生物標記物，在消化腫瘤的各項研究中均顯示出積極的意義，與腫瘤的發生、進展、轉移密切相關。隨著提取技術日趨成熟，外泌體可望作為生物標記物，為消化系統腫瘤提供可靠的早期診斷，復發監測，並作為潛在治療靶點。

泌尿系統疾病應用

泌尿系統涵蓋腎臟、輸尿管、膀胱、內外兩道括約肌與尿道，主要負責尿液的產生、運送、儲存與排泄，運作機制是由腎臟製造尿液後，經由腎盂收縮將尿液擠進輸尿管，輸尿管蠕動後便會將尿液排入膀胱內，再由膀胱的尿道擴約肌收縮把尿液排出。

急性腎損傷、腎小球腎炎、腎小管酸血症、腎臟癌、膀胱癌、前列腺癌等都是常見的泌尿系統疾病。在臨床應用上，尿液外泌體對泌尿系統疾病意義重大，其所攜帶的核酸與蛋白質不僅可反映來源細胞的生理與病理狀態，作為疾病診斷的生物標記，也能作為治療的目標載體。

急性腎損傷

急性腎損傷（Acute Kidney Injury, AKI），就是過去俗稱的急性腎衰竭，是指腎臟在幾天甚至幾小時內突然功能惡化，血液中肌酸酐、尿素氮異常升高，而出現全身倦怠、尿量變少、水腫、食慾不振、噁心嘔吐、意識不清等「尿毒」的症狀。休克、細菌感染、腎細胞受損或泌尿道堵塞，都是可能的致病因素。

臨床研究顯示，尿液外泌體的胎球蛋白 -A、活化轉錄因數子 3 和足細胞骨架巢蛋白，在急性腎損傷二至六小時即明顯增多，比血肌酐提早出現變化。另外，水通道蛋白 -1 及鈉氫交換體，在六至四十八小時之間明顯下降，敏感度和特異性比傳統指標的鈉排泄分數及尿視黃醇結合蛋白更高。其中，活化轉錄因子 3（Activating Transcriptional Factor-3, ATF3）僅

存在急性腎損傷患者的尿外泌體中，成為有潛力的特異性標記物。

腎臟癌

　　腎臟是最重要的泌尿器官，負責過濾人體產生的廢水，透過尿液外泌體蛋白組學的方法，發現膀胱有多種腎細胞蛋白的存在，也找到腎腫瘤分泌外泌體直接進入尿液的證據。因此，從檢測尿液中的外泌體，被視為早期發現腎癌症兆的新手段。

　　研究人員利用 miRNA 特異性核酸檢測（PCR），對二十八例腎癌（Kidney Cancer）患者尿液外泌體中的 miRNA 進行測試。研究發現，可透過檢測尿液中外泌體的三項 miRNA（miR-126-3p、miR-449a、miR-34b-5p）的交互作用，再透過分析工具瞭解腎癌在病患體內的狀況，如腫瘤大小與腫瘤良惡性病變狀況。

　　此外，mRNA 及尿液外泌體蛋白組學，也具有早期診斷腎癌的潛力，對比腎癌患者尿液中檢測到的一百八十六個蛋白，發現其中十個蛋白的 MMP9、DKK4 和 CAIX 含量異常高，推測與腫瘤細胞增生有關，正常人則是 Synttmin-1、CD10、AQP1 和 EMMPRIN 等蛋白含量較高，成為潛在的分子標記物，也為臨床上的腎癌診斷和治療提供參考價值。

腎小球疾病

　　腎臟是由一百萬個腎元形成，每一個腎元則由腎小球與腎小管組成，當腎小球發炎時，無法過濾血中廢物與體內多餘的水分，若持續無法控制，腎臟功能會衰失，甚至導致腎臟衰竭。A 型免疫球蛋白腎病（IgA-nephropathy）是最常見的腎小球疾病，症狀從輕微血尿到嚴重的腎衰竭都有可能發生，如果發病時合併有蛋白尿、高血壓及腎功能不全的病人，腎

功能惡化會更快速。

　　尿液外泌體內可找到損傷的腎小球足細胞標記物，如腎母細胞瘤 WT-1 基因。WT-1 在腎小球硬化症的尿液外泌體中含量高，並早於蛋白尿出現，表示 WT-1 可能檢測早期足細胞損傷。同理，在最常見的腎小球腎炎（Glomerulonephritis）疾病 A 型免疫球蛋白腎病，及糖尿病型腎病患者尿外泌體中，足細胞（Podocyte）蛋白標記頂端的足糖萼蛋白（Podocalyxin, PC）的含量明顯升高。

　　從 IgA 腎病的尿外泌體中 miRNA 的變化，發現 miR-200a、miR-200b、miR-429 的含量減少，miR-146、miR-155 含量增高。糖尿病腎病患者尿外泌體中 miR-192、微小病變患者及腎小球腎炎患者尿液中的 miR-200 變異性，可粗略研判病況。若檢測患者尿外泌體中與足細胞功能相關的 B7-1 和 NPHS1 基因，可發現不同病理類型的腎小球疾病，有助於區隔微小病變和腎小球硬化症。

腎小管疾病

　　腎小管（Renal Tubule）的主要功能是維持尿液酸鹼值的穩定。如果腎臟無法回收能維持身體酸鹼的重碳酸根，或無法排出氫離子，就會造成代謝性酸中毒，也就是腎小管酸血症（Renal Tubular Acidosis, RTA）。在腎小管通道損傷、突變性家族，高鉀性高血壓症等疾病診斷方面，透過尿外泌體的檢測可有效進入早期診療階段。V-ATPase B1 是尿液酸化必須的，在腎小管酸中毒 V-ATPase B1 去除的小鼠模型研究中發現，尿液外泌體與腎組織 V-ATPase 基因分泌的 B1 mRNA 和水通道蛋白 -2 mRNA 的表達趨勢相當，具有相關的一致性。

　　另有針對大鼠進行的尿外泌體研究中，加壓素和尿液 pH 值可調節水通道蛋白（Aquaporin）-2 的蛋白含量。在腎缺血再灌注損傷大鼠模型研

究中證實，急性損傷早期觀察到的尿液外泌體中，水通道蛋白 -1 含量的下降，與腎組織的分泌和表達量下降有關。由此可知，尿外泌體攜帶的訊息可反映腎臟病理及生理變化，在採檢取材上兼具簡單及無創的特點。

膀胱癌

膀胱是尿液儲存的直接器官，尿液中自然有膀胱周邊細胞（包膀胱癌細胞）所分泌的外泌體，其中外泌體內的多項蛋白質可直接作為診斷標記物，因此可以有效診斷膀胱癌。另外，透過質譜檢測技術，對膀胱癌患者及健康對照組，進行尿液外泌體三百零七種蛋白的檢測，從膀胱癌（Bladder Cancer）患者尿液外泌體中，找出其中八種蛋白含量偏高，而健康者尿液外泌體僅一個蛋白含量偏高。

有研究對膀胱癌患者尿液外泌體 RNA 進行分析，證實尿液外泌體中的 RNA 是穩定的生物標記，其中黏液蛋白糖化酶 1（GALNT1）和人源性長壽保障基因 2（Homo Sapiens Longevity Sssurance Homologue 2, LASS2）可作為膀胱癌患者的診斷指標。GALNT1 在轉化生長因數信號轉導中具有重要作用，可建議作為膀胱癌的可能生物標記物，LASS2 表達與癌侵襲和復發程度則高度相關。

前列腺癌

前列腺癌（Prostate Cancer, PCa）是男性泌尿系統最常見的惡性腫瘤，病發初期沒有明顯的症狀；當腫瘤逐漸增大或轉移時，會出現頻尿、夜尿、排尿困難、排尿疼痛等症狀；若擴散到骨骼，則會出現腰椎或骨盆等處疼痛或坐骨神經痛。

二〇〇九年時，最早對前列腺癌患者尿液外泌體 RNA 檢測進行了

報導，研究發現前列腺癌基因 3（PCA3），以及跨膜絲氨酸蛋白酶 2
（TTSPs 2）與 ETS 相關基因（ERG）的融合基因 TMPRSS2-ERG，這兩
種均可作為前列腺癌的生物標記物，是醫界作為 PCa 診斷的一種新方法。

　　不只 RNA，尿液外泌體的蛋白質與脂質也能成前列腺癌的生物標
記物，利用質譜對前列腺癌患者及健康組尿液外泌體進行蛋白組學鑑
定，可發現其中三十七個關鍵蛋白含量明顯不同，為先期檢測前列腺癌
提供重要參考價值。另外，透過高通量質譜學定量分析，尿液外泌體中
一百零七個脂類，其中磷脂絲胺（Phosphatidylserine）與乳糖酶基鞘氨醇
（Lactosylceramide）的含量，對前列腺癌的診斷達到 93% 敏感度和 100%
特異性。

糖尿病腎病

　　糖尿病是腎衰竭的主要原因之一，所引起的代謝變化導致腎小球發
炎、肥大和硬化，以及腎小管間質發炎和纖維化。糖尿病腎病（Diabetic
Nephropathy, DN）是糖尿病小血管病發症之一，外泌體則被證實在糖尿
病進程中，會影響 β-cell 存活、葡萄糖不耐受性及和胰島素阻抗等。

　　糖尿病腎病起因於腎臟結構和功能變化。近年來，發現與 DN 相關
的多種生物標記物，對早期檢測及診斷非常重要，在預測疾病的發生上也
具有重要意義。其中，由於尿液收集方便，是發現腎臟疾病最理想的生物
標記物樣品。過去，DN 相關的尿液生物分子標記物，包括尿蛋白，胜肽
和外泌體，對於尿液標記物的研究日益增加，持續提供有效的診斷與治療
方法。

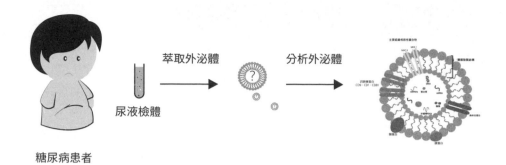

萃取外泌體   分析外泌體

尿液檢體

糖尿病患者

其他腎臟疾病

在其他腎臟疾病方面，尿液外泌體攜帶的多囊蛋白、胱氨酸（Cystine）、二磷酸腺苷（Adenosine Diphosphate, ADP）核糖基化類似因子等，對參與多囊性腎臟病發生的病理過程、相關病因及診斷有重要的提示作用。另外，研究發現，尿液外泌體內的 miRNA 對腎臟的代謝具有影響，並證實尿液外泌體內 miRNA 與高血壓發病信號通路中重要蛋白質的調控相關，有利於診斷高血壓的症狀。

尿液外泌體可作為一個良好的腎臟生物鐘系統，規律調節診斷與監測的生物標記物，為人類血壓節律和腎臟時間生物學提供新的研究媒介。此外，近年科學家透過尿液外泌體相關研究，篩選出大量腎臟疾病的候選分子標記物，並推測尿液外泌體的新型分子標記物，可能與腎臟結構及功能損害有關，有待在泌尿系統疾病的檢測和治療上進一步的醫學研究。

心血管系統疾病應用

　　世界衛生組織（WHO）於二〇二〇年底發佈《二〇一九年全球健康評估》報告，指出過去二十年的全球十大死因中，心臟病穩坐頭號殺手寶座。對全球醫學界來說，心血管疾病依然是一項巨大的挑戰。近幾年的研究發現，外泌體在心血管疾病診斷和治療中發揮重要的作用。外泌體可以透過影響細胞增殖、凋亡和自噬，調節相關細胞微環境，促進血管的再生等，多方面促進心血管疾病的發生與發展。外泌體還可以作為心血管疾病的生物標記物與治療靶點。

　　多年來，研究人員試著找出罹患心血管疾病心肌修復與再生的方法。一九九〇年，首次通過開胸手術將骨骼肌成肌細胞移植到衰竭的心臟後，為相關醫學帶來希望的曙光，將關注焦點轉移到骨髓來源的細胞上，並逐漸在二〇一〇年初，發展成為一種心血管疾病的潛在治療選擇。

　　間充質幹細胞（MSC）源性外泌體具有分化潛能高，移植後存活率高，無明顯不良反應等優點，且含有大量且種類繁多的蛋白質、細胞因子和生物活性物質。在抗心肌細胞凋亡，抗心肌細胞損傷，促進新生血管形成和抗炎等方面，具有重要作用；在防治動脈粥狀硬化、急性心肌梗塞、高血壓、心力衰竭和心肌病等心血管系統疾病，具有一定的應用前景。

動脈粥狀硬化

　　近年多項研究發現，外泌體在動脈粥狀硬化（Atherosclerosis, AS）發揮著重要作用，也為 AS 的診療提供切入點。外泌體在相關的慢性炎症

中發揮重要的細胞間連繫介質的作用，可作為治療心血管疾病提供有效的治療靶點。

外泌體中的 miRNA，參與細胞間的連繫，在 AS 各個階段扮演關鍵角色；miR-146a 透過抑制內皮細胞和骨髓衍生細胞中的促炎訊號傳導，來調節膽固醇代謝，並緩解 AS 的慢性炎症反應；miR-21 在 AS 末期透過促進厚纖維帽的形成來穩定斑塊；AS 患者的血清中 miR-21 含量升高與血管阻塞有關；miR-210 則在動脈斑塊不穩定時發揮重要作用。

外泌體含有多種生物活性物質，與細胞間的病理生理過程相關，影響細胞功能。近年來，外泌體成為心血管疾病的治療劑，比細胞療法有更多優點，具有生物相容性，生理上比細胞更穩定，可以在全身循環，同時穿過血腦屏障。多項研究發現，不同細胞來源的外泌體促成 AS 的發生，也為治療提供新方向。

急性心肌梗塞

由心肌缺血引起的心肌梗塞（Myocardial Infarction, MI），當流向心臟的血量減少且心臟組織受損時就會發病。在 MI 或心肌缺血損傷的過程中，造成調節性和非調節性細胞的死亡，患者預後的關鍵是梗塞範圍的大小，也決定心肌細胞的存活。近年來，MI 的細胞療法一直是熱門研究，但缺點和免疫原一樣，細胞分泌的外泌體則引起研究人員注意。

新證據顯示，外泌體在心肌梗塞後，各種細胞的外泌體一齊救援受損的心肌，並透過調節細胞死亡的方法，發揮減少心肌細胞死亡的作用，進一步了解心肌修復的機制並為臨床治療提供參考。

高血壓

　　高血壓（Hypertension）的成因有多種，發病過程複雜，牽涉數個身體系統，其中最主要是遺傳和環境間的相互關係。外泌體在心血管及腎臟生理學中發揮功能，其中鹽皮質激素型高血壓病發現有效標記物，通過分辨腎臟源性外泌體中 mRNA 的含量及種類，可區分高血壓病的不同亞型，從而對高血壓病進行針對性治療。

　　miRNA 是小調控分子，非編碼 RNA 通常透過外泌體或其他蛋白、脂質等胞外載體，在一系列血漿和尿液等體液中轉移。由於外泌體 miRNA 具有承受惡劣外部條件的能力，因此具有作為高血壓非侵入性疾病生物標記物的極大潛力。外泌體 miRNA 除了參與病理生理過程，尤其重要的是，疾病引起的微環境改變可以誘導 miRNA 主動加載到外泌體，並促進外泌體 miRNA 在高血壓中的作用。

心力衰竭

　　外泌體 miRNA 含量升高的患者，日後發生缺血性心力衰竭的可能更大。在冷凍超過一年後解凍的血清樣品上進行的分析，脂質囊泡可能已遭破壞，無法確定 miRNA 是否在外泌體內。但這些發現，對於早期發現可能發生心力衰竭的患者，以及可能的發生機制來說，非常重要。

　　從頸動脈粥狀硬化患者的血漿中分離出來的外泌體，與對照組患者富含半乳糖凝集素 -3（Galectin-3）的外泌體做分析，當 Galectin-3 濃度升高，心血管疾病死亡風險也增加。因此，必須進行像對外周血外泌體含量的分析等更多研究，為預測疾病進程和心力衰竭發生的風險，提供可行的診斷方法。

心肌病

　　研究證明，來自多能神經幹細胞（induced Pluripotent Stem Cells, iPSC）培養的外泌體，對缺血心肌有保護作用。iPSC 外泌體通過抑制 Caspase3/7 訊號通路，保護 H9c2 細胞免受 H_2O_2 誘導的氧化應激。最近的研究顯示，iPSC 外泌體的生物活性分子可發揮保護作用，這些分子主要是 mRNA、miRNA 和蛋白質。它們被傳導到心臟間充質基質細胞（cMSC），透過影響受體細胞的轉錄組合與蛋白質組譜來發揮保護作用。

　　此外，iPSC 外泌體展現增強 cMSCs 心臟和內皮分化潛能。小鼠 iPSC 外泌體顯示含有一組對維持 iPSC 多能性至關重要的特異性多能轉錄因子。外泌體內容物作用仍未完全確定，諸多疑問有待科學家進一步研究。

細胞移植改善缺血後心功能

　　過去醫界認為，分化特性是細胞移植後發揮治療作用的主要機制。但最近的研究發現，細胞移植到缺血的組織後，並未分化成相應的心肌細胞或內皮細胞等，而是通過分泌抗凋亡、促存活和抗炎因子等效果，進而達到改善缺血後心功能的目的。

　　這個新發現將有關細胞移植的分泌特性的研究，導引為治療心血管疾病相當重要的科學課題。細胞分泌的外囊泡，有望成為病理狀態下的生物標記物和治療劑的潛力，也成為替代全細胞治療的最新方式，在國際學術界引起極大的迴響。從近幾年的研究中也發現，富含蛋白質、脂質與核酸的外泌體，在心血管疾病的診斷和治療中發揮了舉足輕重的作用。

　　生物標記物可作為正常生物功能、病理過程和對治療干預的藥理反應的相關指標，在鑑定疾病狀態和評估疾病的風險方面，具有極大的臨床

應用。外泌體反應受損病變的即時微環境狀況，可以在通過採集血液或尿液樣本，而不用侵入性活組織檢查的情況下，得到靶區域中細胞的遺傳資訊，這是外泌體最大的優點。尤其像人的心臟，過去只能以侵入手段得到相關樣本，但外泌體可以透過直接而有規律的方式收集，對心血管疾病患者病況進行追蹤。

由於外泌體是在特定反應條件或損傷條件下形成，因此循環系統中的外泌體，逐漸被認定是心血管疾病的生物標記物的候選者，特別是血管損傷、炎症和促血栓相關的動脈粥樣硬化患者，檢驗結果往往呈現血漿相關外泌體有升高的現象。

在研究和應用上，大多數分離和鑑定的操作步驟，都取決於外泌體的密度和直徑，而外泌體的大小是由它們的發生途徑所決定，與外泌體的成分相關。外泌體的組織生物分布，細胞內化和細胞內轉運的效率也和大小有很大關係，例如在給藥後，直徑為 100nm 的顆粒，可透過網格蛋白（Clathrin）介導或細胞質膜微囊（Caveolae）介導的內吞作用被吸收，更大的聚集體更可能被導向溶酶體（Lysosome）降解或膜再循環。因此，較小的囊泡往細胞內輸送的效率更高，尤其是在全身給藥的情況下，外泌體必須成功滲入心臟組織，被相關細胞類型有效吸收，才能達到修復心肌的作用。

儘管外泌體對心血管系統有極大助益，但要如何將這些外泌體傳送到人體部位發揮作用？在心臟血管系統的治療上，雖然靜脈注射是公認最理想的方式，但缺點則是大部分的外泌體會被肝臟吸收，因此後續衍生了心肌直接注射及冠狀動脈注射的兩種方式，而肌肉內注射效果又比冠狀動脈注射來得有效果，可顯著減少疤痕組織範圍和降低微小血管阻塞。不過，心肌內注射在臨床上相對會有一些風險，因此在安全考量上並不是最適用的方式。

觸發心臟保護作用

　　心臟纖維母細胞主要透過外泌體與心肌細胞溝通，心臟內皮細胞作為血液與組織屏障，扮演維持生理平衡的重要角色，特別是在發炎與缺氧之後，對壓力或損傷訊號的反應，不僅釋放生長因數、細胞因數，也釋放外泌體與心臟其他部分溝通。

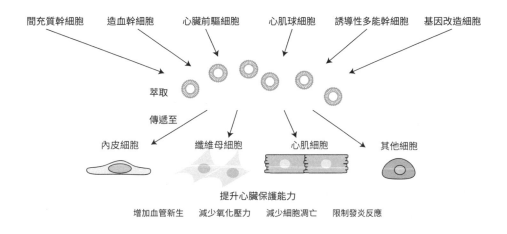

　　過去十餘年間，研究人員在瞭解外泌體的生物學特性，以及其在心血管領域的應用上獲得重大進展。標靶技術可以增加外泌體在心血管系統中的積累，從而減少所須的劑量。利用特定生物分子提高外泌體含量，可能是成功應用於臨床的關鍵。生物工程化的外泌體將是一個極具前景，不依賴細胞，耐用且可定制的治療方法，未來或許可成為心血管疾病患者的救星。

神經系統疾病應用

　　外泌體是源於細胞的小囊泡，透過運送蛋白質、脂質和核酸到靶細胞發揮出物質傳遞作用，從而影響目標細胞的生物活性。近年研究顯示，外泌體不僅在阿茲海默症、帕金森氏症等神經系統疾病的發生過程中能產生重要作用，而且在後天嚴重的腦外傷或脊髓損傷，中樞神經系統疾病的治療方面已具有一定的臨床應用價值。

　　目前國內外各醫學專家，紛紛投入外泌體在各個疾病治療方面的研究，國內以「杜氏刀法」著名的義大醫院院長杜元坤，近年開始合併使用細胞療法，幫助病人的神經細胞重建，達到良好效果。杜院長以〈人體嗅鞘細胞分離細胞外囊泡增強神經幹細胞的生存能力〉（*"Extracellular Vesicles Isolated from Human Olfactory Ensheathing Cells Enhance the Viability Neural Progenitor Cells"*）為研究主題，於二〇二〇年在著名國際醫學期刊《神經病學研究》（*Neurological Research*）發表論文，證明幹細胞外泌體對神經系統疾病的治療有一定的成效。

幹細胞外泌體應用，肢體癱瘓不再是「不治之症」

　　義大醫院杜元坤院長期致力於研究幹細胞外泌體應用在中樞神經系統疾病治療上，為病患找出效果更好的治療方法，由他領導的神經重建實驗室團隊經過多年研究發現，強大的細胞外泌體對於神經增生性及修復力有著良好功效。杜元坤院長以「雞精跟雞湯」簡單比喻，來分別「細胞外泌體」和傳統的「幹細胞」的特性。他形容，外泌體如同雞精，而幹細胞

就像雞湯，在濃度和效果上，雞精更勝雞湯，因為細胞外泌體分子直徑只有 30-150nm，更能誘導細胞增生，大幅提升修復力。

杜元坤院長認為，未來細胞療法能讓神經損傷的治療更加簡單普及，可望為全球成千上萬失能癱瘓患者帶來一線生機。在後天中樞神經系統疾病，例如缺血性中風（Ischaemic Stroke），和腦部或脊髓外傷神經損傷（Spinal Cord Injury, SCI）造成的肢體失能，病患大半無法痊癒，須面對終生行走困難的問題，對家人與病患都是一項殘酷的折磨。杜元坤從鼻腔幹細胞、許旺細胞（Schwann Cell）到間充質幹細胞（Mesenchymal Stem Cell, MSC）的一系列研究，找到將神經細胞產品化的機制。如果能將神經細胞產品化，屆時大部分患者在治療後，都有機會獲得改善。未來，肢體癱瘓不再是「不治之症」。

嗅鞘細胞修補受損的神經細胞

嗅鞘細胞（Olfactory Ensheathing Cells, OEC）在功能上是介於許旺細胞和寡突膠質細胞之間的一種特殊的膠質細胞，它證明具有修復脊髓損傷的能力，可以分泌細胞外分子與神經營養因子，具有轉移到神經膠質組織的能力，成為促進中樞神經再生的理想細胞之一，為脊髓軸突再生提供特別有利的基質，得以促進軸突與髓鞘再生恢復。因此，嗅鞘細胞移植已成為治療腦部或脊髓損傷的一種有效治療。

杜元坤院長近年也透過鼻腔幹細胞，培植出可促進神經細胞再生的嗅鞘細胞外泌體。因鼻腔幹細胞的細胞型態與神經類似，杜元坤院長和研究團隊利用連續差速離心，從人類原代嗅鞘細胞（hOEC）中分離出細胞外囊泡（EV），觀察 hOEC-EV 對神經元細胞活力的影響。hOEC-EV 的特徵是透過穿透式電子顯微鏡，西方墨點法（檢測蛋白質表現量的實驗方法）和奈米粒子追蹤分析，將神經前驅細胞（Neural Precursor Cells,

NPC）培養於富含 hOEC-EV 的環境後，利用 CCK8（Cell Counting Kit-8）檢測方法和乳酸脫氫酶（Lactate Dehydrogenase, LDH）評估 NPC 的細胞增生，和利用過氧化物叔丁基過氧化氫（tert-butyl Hydroperoxide, t-BHP），模擬氧化誘導的細胞毒性。

研究發現，從人類原代 OEC 細胞（hOEC）中分離出的 EV，會增強 NPC 增生能力與改善細胞毒性。發現顯示，從 hOEC 衍生的 EV 會增強 NPC 增生和減少氧化誘導的神經元毒性，這些結果有助於開發 OEC-EV 用於治療後天神經系統疾病。

治療腦中風，有效改善神經功能恢復

隨著高齡化社會來臨，腦中風、帕金森氏症、阿茲海默症這些會造成神經系統失能的疾病，已成為家庭與政府財政的隱憂，而外泌體的再生修復特性，讓科學家對它寄予無限希望。外泌體對腦中風的治療，間充質幹細胞（MSC）扮演關鍵角色，因為它是一種可分化成多種特異性細胞的多能幹細胞，在人體骨髓、胎盤、臍帶血和脂肪組織中都可獲得，由它衍生的外泌體在治療腦中風方面具有潛力。

有研究已證實，透過 MSC 中分離出的外泌體的成分 miR-133b（RNA 的一種），可以有效改善神經元的可塑性，以及中風後的神經功能恢復，同時刺激星形膠質細胞，促進神經突起外泌體的二次釋放。研究人員並發現，與對照 MSC 外泌體相比，轉染 miR-17-92 的 MSC 衍生的外泌體，通過下調磷酸酯酶與張力蛋白同源物（Phosphatase and Tensin Homolog, PTEN），啟動 PI3K/Akt/mTOR 的訊號通路，使得糖原合酶激酶 3β（Glycogen Synthase Kinase 3β, GSK-3β）的活性受到抑制，有著促進神經再生功能。

另外，其他種類細胞衍生的外泌體對中風後腦部功能的恢復，也具

有積極的作用，例如研究發現大腦因具有血腦屏障，降低外泌體進入腦梗塞部位的機率。狂犬病的病毒糖蛋白（Rabies Viral Glycoprotein, RVG）修飾的外泌體可穿過血腦屏障，有效的將 miR-124 轉移到腦梗塞部位。因此，RVG 外泌體作為遞送載體可應用在腦中風的臨床治療。

臍帶間充質幹細胞外泌體，有望改善阿茲海默症

阿茲海默症發生的原因主要是大腦神經中 β 澱粉樣蛋白（Amyloid β, A β）沉積形成斑塊，對神經突觸造成損傷，使得記憶力和認知能力喪失，是失智症發生和惡化的原因。

臍帶間充質幹細胞（Umbilical Cord Mesenchymal Stem Cells, UC-MSCs）來源自新生兒臍帶組織，這類幹細胞分泌的旁分泌（Paracrine）因子和外泌體在神經退化性疾病

β澱粉樣蛋白(amyloidβ,Aβ)
沉積形成斑塊

斑塊

神經細胞　　　　神經細胞死亡

中，具有促進神經再生，減輕 A β 寡聚體沉積和抗炎的作用。研究已證實，UC-MSCs 可促進神經再生、增強海馬神經突觸可塑性。

UC-MSCs 的外泌體能夠促進胰島素降解酶（Insulin Degrading Enzyme, IDE）和腦啡肽酶（Neprilysin, NEP）分泌，減少 A β 聚集。除此之外，UC-MSCs 的外泌體還能夠促進抗炎細胞因子 IL-10 和 TGF- β，抑制促炎細胞因子 IL-1 β 和 TNF- α 的表達，減輕腦部炎症。從實驗發現，小鼠尾靜脈注入 UC-MSCs 的外泌體，可以抑制發炎細胞因子的分泌。

牙髓幹細胞外泌體，具治療帕金森氏症潛力

　　帕金森氏症是一種中老年常見的中樞神經系統病變，臨床上診斷以手足顫抖、僵硬、動作緩慢、站立不穩為特徵。隨著此病症研究的不斷深入，臨床上診斷也會將腦脊液中 α- 突觸核蛋白（α-synuclein, SNCA）的含量改變作為判斷依據。帕金森氏症主要的神經症狀主因為中腦黑質（Substantia Nigra）細胞死亡，使患者相關腦區的紋狀體多巴胺不足，與黑質中神經元胞質內出現嗜酸性包涵體——路易氏體（Lewy Body）。路易氏體由可溶性蛋白（Soluble Protein）聚集形成，其中，α 突觸核蛋白是其主要組成成分，並被證實存在於帕金森氏症患者的腦脊液、血液和唾液中。

　　專家發現，人類脫落乳牙的牙髓幹細胞（Stem Cell Derived from the Dental Pulp of Human Exfoliated Deciduous Teeth, SHED）衍生出的外泌體，能夠抑制 6- 羥基多巴胺（6-hydroxy-dopamine, 6-OHDA），減少多巴胺能神經元（Dopaminergic Neuron）凋亡，對神經發揮保護作用，顯示 SHED 衍生的外泌體，具有治療帕金森氏症的潛力。二〇一八年也有相關研究報導，血液衍生出外泌體，能夠穿過血腦屏障，成功將多巴胺遞送至大腦中的紋狀體（Striatum）和黑質細胞，使多巴胺在大腦中的濃度增加，讓外泌體在帕金森氏症的治療方面具有潛在價值，可望成為未來研究的焦點。

　　目前外泌體中，RNA 的研究主要集中在 miRNA，有關其他的特異性 RNA 研究較少，所以研究有其局限性。再者，外泌體作為一種新型載體，如何將藥物有效載入，並在動物體內的生物安全性實驗還不夠明確，而臨床應用上也缺乏足夠的樣本數量和臨床資料。儘管外泌體對神經系統疾病研究過程中，存在許多局限和挑戰，但相信隨著研究領域的不斷深入，愈來愈多科學家投入，搭配新的研究方法和技術被開發運用，讓外泌體應用的研究日新月益，未來在疾病的診斷和治療上，將發揮更大的價值。

免疫系統疾病應用

　　外泌體富含許多生物活性分子，包括核酸、蛋白質、脂質和代謝物，因為可以傳輸這些物質，讓外泌體成為細胞間溝通的重要傳訊者，它就像是一個快遞收送人員，可以搜集許多貨物並運送到指定的目標細胞，或是經由體液到達遠處的其他細胞，進而影響或控制生物表現。透過訊息傳遞的載體機制，讓外泌體具有免疫調節的能力，在自體免疫性疾病如系統性紅斑狼瘡（Systemic Lupus Erythematosus, SLE）、類風濕性關節炎（Rheumatoid Arthritis, RA）、發炎性腸道（Inflammatory Bowel Disease, IBD）等疾病的應用，也逐漸成為新的研究熱點。

　　外泌體之所以具有免疫調節的能力，在於它富含許多生物活性分子如趨化因子、發炎因子、訊號轉導蛋白、細胞特異性抗原、mRNA、miRNA 等，或表面攜帶有特殊蛋白如黏附分子、共刺激分子、配體、受體等。這些成分可做為外泌體的訊號分子，傳送到目標細胞內，從而調控目標細胞的功能或基因表達，實現免疫抑制或免疫活化作用。

免疫細胞外泌體的調控作用

　　免疫細胞是人體免疫系統的重要組成，近年來的研究發現，免疫細胞、腫瘤細胞、幹細胞、上皮細胞等多種細胞均能夠產生外泌體，這些外泌體能對 B 淋巴細胞、T 淋巴細胞、巨噬細胞、樹突狀細胞、自然殺手細胞等免疫細胞進行調控，而免疫細胞也能產生外泌體參與免疫反應，發揮抗原呈現、免疫活化、細胞殺傷及調節代謝等眾多作用。

▶B 細胞

B 細胞是淋巴細胞的一種，主要功能為介導體液免疫與分泌抗體。科學家發現，B 細胞能分泌抗原呈遞外泌體，這種外泌體可攜帶 MHC-II 類分子、共刺激分子、黏附分子。研究證實，B 細胞來源的外泌體可以將抗原呈遞給淋巴細胞，直接刺激 CD4$^+$ T 細胞的抗腫瘤反應。

▶T 細胞

T 細胞也是一種淋巴細胞，主要有細胞毒性 T 細胞、輔助 T 細胞、調節 T 細胞、抑制 T 細胞、記憶 T 細胞等，這些都是從 T 原細胞分化而來，在外泌體的刺激下，可分化成相應的功能。專家研究發現，Treg（調節 T 細胞）來源的外泌體內含表達免疫調節分子（CD73、CD25、CTLA4），具有免疫抑制的作用，可以調節效應 T 細胞的增殖與細胞因子分泌，從而調節免疫反應。

▶巨噬細胞

作為先天免疫系統和抗原呈遞細胞的成員，巨噬細胞分泌的外泌體可參與免疫調節。專家研究證實，巨噬細胞分泌的外泌體，透過類胰島素樣生長因子 1（IGF-1）被上皮細胞攝取，導致上皮細胞的炎症反應減少。另外有研究顯示，M1 巨噬細胞釋放的外泌體，可以在淋巴結處形成促炎微環境來對抗黑色素瘤，提供了腫瘤治療的新方法。

▶樹突細胞

樹突細胞（DC）可說是人類免疫細胞系統的司令官，主導免疫系統的各項功能，而樹突細胞的外泌體也是透過啟動其他免疫細胞來發揮功能，作為免疫調節的一種重要途徑，能夠在細菌、寄生蟲、病毒的感染和抗腫瘤過程中發揮作用。通過對小鼠的研究發現，被腫瘤啟動的 DC

細胞外泌體，在體外和體內均能刺激抗原特異性 CD8$^+$ T 細胞增殖，並傳遞抗原物質與功能性 MHC- 肽複合物，誘導特異性細胞毒性 T 淋巴細胞（Cytotoxic T Cell, CTL）反應、抗腫瘤免疫和 CD8$^+$ T 細胞記憶。

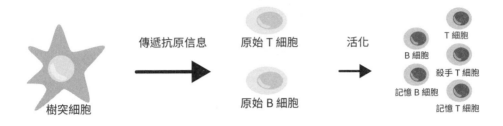

▶自然殺手細胞

　　身為抗癌免疫軍團的重要成員，自然殺手（NK）細胞來源外泌體也具有抗腫瘤作用。NK 細胞主要透過表達細胞因子 FasL，和穿孔素等的殺傷蛋白，來發揮細胞毒性作用，參與抗腫瘤和免疫調節。NK 細胞分泌的腫瘤壞死因子 α（TNF-α）的外泌體還能夠在腫瘤處特異性聚集，對膠質母細胞瘤細胞有靶向和抗腫瘤作用，並且 NK 細胞也會利用外泌體來活化其他 NK 細胞，並傳遞殺傷物質。

自體免疫性疾病

　　自體免疫性疾病是指是免疫系統對自身的抗原發生免疫反應，造成損害而引發的疾病，這時免疫系統會產生針對機體自身的抗體及活性淋巴細胞，破壞自身組織及臟器。多項研究指出，外泌體不只是自體免疫性疾病的生物標記物，也透過抗原呈現的作用，參與了自體免疫性疾病的發病機制，達到免疫調節的功能。

系統性紅斑狼瘡

系統性紅斑狼瘡（Systemic Lupus Erythematosus, SLE）是一種全身性的自體免疫性疾病，它不只有紅斑的症狀表現，而是全身的器官幾乎都有可能會被攻擊而導致發炎或損傷，最常見是攻擊腎臟，容易形成狼瘡性腎炎（Lupus Nephritis），也是其主要的併發症與死亡原因。SLE 的發病機制是由抗原驅動的 T 細胞依賴性 B 細胞活化後產生自身抗體，從而形成免疫複合物沉積在各種器官所引發的慢性炎症。

有研究指出，外泌體是 SLE 的新型生物標記物，並且證實 SLE 患者血清中的外泌體比健康人體多，用其來刺激健康的外周血單核細胞（PBMC），發現白血球介素 -6（IL-6）、腫瘤壞死因子 α（TNF-α）、白細胞介素 -1β（IL-1β）、干擾素（IFN-α）等表達增加，並且與疾病活動度呈正相關。但將結構破壞的外泌體除去外泌體的血清，或加 Toll 樣受體（TLR）相應抗體的 SLE 患者血清外泌體，分別與健康人體的外周血單個核細胞共培養時，這些炎症指標的表達明顯下降，因此可認定，SLE 患者的外泌體具有免疫刺激性。

發炎性腸道疾病

發炎性腸道疾病（Inflammatory Bowel Disease, IBD）是一組特定的腸道慢性疾病的統稱，主要包含潰瘍性結腸炎（Ulcerative Colitis）與克隆氏症（Crohn's Disease），屬於自體免疫性疾病，病患的免疫系統會攻擊自己的消化系統組織。免疫失衡，尤其是巨噬細胞的啟動介導造成免疫微環境改變，被認為是 IBD 發病的主要機制之一。

研究證實，人臍帶間充質幹細胞分泌的外泌體，可以透過調節巨噬細胞 IL-7 的表達，減輕右旋葡聚糖硫酸鈉（Dextran Sulfate Sodium

Salt, DSS）誘導的小鼠炎性腸病。IBD 患者唾液外泌體中的蛋白酶亞單位 7（Proteasome Subunit Alpha Type-7, PSMA7），明顯高於健康人體。PSMA7 可望成為 IBD 的診斷治療物，減少患者做大腸鏡的痛苦。

類風濕性關節炎

類風濕性關節炎（Rheumatoid Arthritis, RA）是一種慢性炎症性的自體免疫性疾病，會導致滑膜關節發熱、腫脹和疼痛。疼痛和僵硬往往於休息後更惡化，也可能影響身體其他部分，發病機制主要是由類風濕因子（Rheumatoid Factor, RF）抗體和抗環瓜氨酸抗體（anti-cyclic Citrullinated Peptide Antibody, anti-CCP）所引起，而外泌體都參與了免疫反應。專家證實，RA 患者滑膜的外泌體會攜帶自身抗原瓜氨酸蛋白，外泌體可以將瓜氨酸（Citrulline）蛋白呈現給關節外的 T 細胞或 B 細胞，進而引發免疫反應，促使疾病的發生。

也有研究表示，樹突細胞衍生的外泌體中的 miR-155 和 miR-146a，可以被免疫細胞攝取，進而影響細胞間通訊。其中，miR-155 可以上調 TNF-α 和 IL-6 炎症基因的表達，而 miR-146a 則可抑制 TNF-α 和 IL-6 炎症基因的表達。

第一型糖尿病

第一型糖尿病（Type 1 Diabetes Mellitus, T1DM），是胰臟分泌胰島素的 β 細胞受損，身體無法自行合成足夠的胰島素，需要靠體外施打才能維持正常的生理運作，多半認為發病機制是 T 細胞浸潤到胰島中，進而導致產生胰島素的 β 細胞被破壞，引起自體免疫異常。專家證實，在免疫缺陷（Non-obese Diabetic, NOD）小鼠中，胰島間充質幹細胞釋放有

高度免疫刺激性的外泌體，這些外泌體活化了 B 細胞、T 細胞和其他抗原呈現細胞，加速了 T 細胞對胰島的破壞，從而引發 T1DM。這表示，間充質幹細胞來源外泌體，可以觸發局部的自身免疫反應，可能是一種自體抗原的載體。

　　總結來說，外泌體在免疫調節及自體免疫性疾病中的作用毋庸置疑。由於幾乎所有細胞都會釋放外泌體，因此它們參與體內許多重要的生理活動，尤其是細胞間通訊和免疫細胞的活化，而自體免疫性疾病的大部分發病原因，都與自體免疫系統的異常啟動有關，外泌體在自體免疫性疾病的發展中，表明作為生物標記物的可能性，可望在未來的疾病診斷與治療中，有進一步的發展前景。

腫瘤治療的應用

外泌體在抗癌治療方面具有雙重意義，第一是腫瘤外泌體（Tumor Derived Exosomes, Tex）可以作為治療靶點，透過抑制外泌體的分泌，或消除血液循環系統中的外泌體來治療腫瘤。第二，外泌體可以作為 miRNAs 和 siRNAs 等抗癌藥物的轉運載體。外泌體在調節腫瘤微環境中，也對腫瘤具有促進和抑制的雙面作用，包括改變其他細胞的生物學行為，免疫調節和促血管生成作用等。

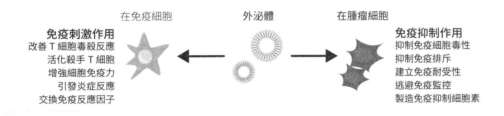

在免疫細胞　　　　外泌體　　　　在腫瘤細胞

免疫刺激作用
改善 T 細胞毒殺反應
活化殺手 T 細胞
增強細胞免疫力
引發炎症反應
交換免疫反應因子

免疫抑制作用
抑制免疫細胞毒性
抑制免疫排斥
建立免疫耐受性
逃避免疫監控
製造免疫抑制細胞素

在腫瘤分泌和轉移中扮演的角色

腫瘤細胞轉移是癌症治療上最令人頭痛的問題，也是腫瘤治療失敗的主要原因。外泌體在腫瘤轉移中扮演相當重要的角色，它們會排出抑制腫瘤相關的 miRNA。以 Let-7 作為例子，Let-7 是較早發現能夠抑制肺癌侵襲轉移的 miRNAs 家族，可抑制腫瘤細胞分化、增生及轉移能力。

多項研究指出，腫瘤細胞會分泌更多含有腫瘤特異性抗原的外泌體，這些外泌體可以把自身的蛋白質及 RNA，傳遞給受體細胞而產生有利於腫瘤生長的微環境。受體細胞在吸收腫瘤外泌體後，基因或蛋白質會被腫瘤外泌體所攜帶的信使核糖核酸（mRNA）或微小核糖核酸（miRNA）所改變。透過分析外泌體表面蛋白如何透過核酸及蛋白質等訊號分子來調控腫瘤的發展，也在腫瘤診斷上占有重要的一席之地。

研究表明，腫瘤血管的新生，主要受缺氧誘導因子家族的調節。腫瘤細胞中供給和消耗氧量的不平衡，使腫瘤細胞處於低氧環境，特別是腫瘤末期患者，在低氧環境下，腫瘤細胞會展現出更強的生長能力，分泌更多外泌體，調節腫瘤微環境，促進腫瘤血管新生和癌細胞轉移，並緩解腫瘤細胞的缺氧狀態。腫瘤血管系統正常化，可以同時改善化療的效果和腫瘤放射敏感度。因此，抑制腫瘤細胞外泌體的分泌或轉移，就能抑制腫瘤血管的新生與癌細胞轉移。

腫瘤細胞在轉移前，會分泌外泌體至擬轉移的器官上，先營造一個適合腫瘤細胞轉移的環境。若能提早預測病人的腫瘤細胞可能轉移的部位，醫師就可以選擇更積極的治療方式，來提高病患的存活率。以乳癌為例，一旦腫瘤細胞轉移，大約五成的病人只能再活五年；若是轉移到腦部，存活率更是低於兩年。如果可以預測腫瘤轉移，醫師可未雨綢繆為病患提供預防性措施。

癌症早期診斷的依據

腫瘤細胞通常會比正常細胞製造並釋放更多外泌體，這些腫瘤外泌體一般可從患者腹水、尿液、唾液或血清等體液中分離取得。腫瘤外泌體中含有大量特異性 miRNA，且生化性能穩定易於保存，可以作為腫瘤早期診斷的標記物。

除了外泌體在體液中的穩定性，其組成也可反應來源細胞，比傳統的組織切片分析侵入風險較低，分析結果也更可以反應出檢體取得當下的整體腫瘤異質性。相較傳統的組織切片分析範圍小，外泌體分析可以提供全面性的資訊，有助於瞭解腫瘤的異質性與治療方式及預後反應。

腫瘤因子外泌體快速檢測

利用可辨識外泌體表面蛋白的抗體，配合表面電漿共振（Surface Plasmon Resonance, SPR）技術，進行外泌體的定量分析方法，可以針對不同的表面蛋白質進行多重標的檢測。此外，還有一種結合免疫磁珠（ImpetiCbead, IMB）純化，或微流道（Micro Channel）結合螢光光學的分析方法，這些技術都可以在三小時內完成單一或多重的外泌體分析。

目前外泌體快速檢測系統，仍停留在針對表面分子進行的外泌體定量或特性分析，有關外泌體核酸的快速檢測技術還不是很多。美國麻省總醫院則研發出結合聚合酶連鎖反應及微流道的技術，可對外泌體核酸進行快速檢測，在兩小時內分析多個信使核糖核酸。

腫瘤免疫治療

各種類型的細胞均能分泌外泌體，如腫瘤細胞、免疫細胞、間充質幹細胞等。外泌體作為一種奈米級囊泡，現在逐漸成為腫瘤免疫的研究熱點。腫瘤外泌體可以抑制宿主免疫應答，促進腫瘤轉移，在腫瘤免疫治療中具有重要意義。

經基因修飾的腫瘤外泌體，能夠將凋亡信號傳遞給腫瘤細胞，從而介導不同腫瘤模型的生長抑制作用，為腫瘤患者提供一種新的治療選擇。

外泌體也應用在開發腫瘤疫苗。這些腫瘤外泌體通常包含一些可以

使抗原遞呈細胞（Antigen Presenting Cell, APC）啟動的腫瘤抗原，包括樹突細胞。研究發現，樹突細胞來源的外泌體，能夠顯著增加天然殺手細胞（NK Cell）的循環數量，且在一半患者體內上活化 T 細胞受體 NKG2D 的表達，進而增強 NK 細胞的抗腫瘤活性。

理想的藥物載體

除了作為治療癌症的工具，外泌體也可作為純天然的載體。外泌體可避開人體免疫細胞的攻擊，解決神經類藥物穿越血腦屏障的潛力，並且能在酸、消化酶等極端條件下生存，大大提高癌症口服藥物的可能性。

由於外泌體靠著與受體細胞絕佳的結合，成為理想的藥物載體，可以將蛋白質等大分子物質裝載到外泌體內，目前已應用於臨床治療。外泌體作為藥物載體優點不少，來自自體腫瘤細胞的外泌體，比人工製造載體免疫原性更少；外泌體的磷脂雙分子層，可與靶細胞膜直接融合，有助包裹的藥物在細胞中的內化；外泌體的尺寸較小，可避免被單核吞噬細胞吞噬，並促進在腫瘤血管中的外滲及腫瘤組織中的擴散。

外泌體還有增強腫瘤耐藥性的作用，藉由改變腫瘤局部 pH 值或信號通路，可影響外泌體的分泌，提高化療藥物的效果。另外，也可利用腫瘤外泌體來投放化療藥物、活性小分子和基因治療劑。進一步的研究發現，經過表面修飾後的外泌體可靶向腫瘤細胞，同時可以運送腫瘤抗生素等藥物。應用外泌體投放 miRNA，可以增強腫瘤對化療藥物的敏感度。

外泌體作為一種新的診斷和治療的靶標，在臨床上，腫瘤外泌體作為液體活檢，被廣泛運於前列腺癌、胰腺癌、乳腺癌、卵巢癌、腦膠質瘤及惡性黑色素瘤的早期篩查、無創診斷、療效監控、輔助用藥及作為腫瘤治療的藥物載體。

骨科疾病治療應用

　　隨著高齡化社會的來臨，骨關節炎、椎間盤退化、骨質疏鬆、骨折等骨科疾病，都會影響中老年人的健康與生活品質，外泌體可以調控骨骼中骨髓間充質幹細胞、成骨細胞（Osteoblast）、破骨細胞（Osteoclast）的增殖、分化與凋亡，並影響骨骼形成與吸收，同時有助於修復軟骨缺損，促進髓核細胞（Nucleus Pulposus Cells）分化，促進骨質再生等功用，對銀髮族在骨科疾病方面的治療，可說是一大福音。

骨細胞的調控與治療

　　骨骼中包含骨髓間充質幹細胞、成骨細胞、破骨細胞、骨髓基質細胞（Bone Marrow Stromal Cells, BMSCs）等多種細胞，經由各個細胞嚴格調控來維持骨骼健康，其中成骨細胞與破骨細胞在骨骼平衡上扮演著重要角色。成骨細胞負責新骨形成，破骨細胞負責骨質分解與吸收。破骨細胞介導的骨吸收增加會引起骨質疏鬆、類風濕性關節炎等相關疾病。研究發現，外泌體可對成骨細胞中成骨分化標記物，或骨代謝訊號通路產生調控作用，進而影響骨形成過程，還可以調控破骨細胞的增殖、分化對骨吸收產生影響，與骨科疾病治療密切相關。

骨關節炎

　　根據衛福部統計，全臺灣有三百五十萬人飽受退化性關節炎所

苦，而骨關節炎（Osteoarthritis, OA），就是俗稱的「退化性關節炎」（Degenerative Joint Disease），特徵是關節軟骨漸進式破壞，導致軟骨下硬骨的增厚與過度生長，而引發關節部位疼痛、僵直和腫脹，嚴重的話會出現關節變形（如 O 型腿）、攣縮（腿伸不直）或活動角度受限等症狀。

造成骨關節炎的原因有很多，包括外傷、年紀、遺傳、體重等因素都會影響。常見的關節炎的治療，是依據嚴重程度而定。初級退化可採用口服葡萄糖胺、膠原蛋白或注射玻尿酸等保守療法，或是增生療法、關節腔內自體濃縮血小板血漿（PRP）注射；嚴重的骨關節炎，因為軟骨已全部磨損，導致骨頭直接碰撞，而產生疼痛發炎腫脹，甚至無法正常行走，就得進行人工膝關節置換，但這些治療的療效因人而異，人工關節也有一定的使用年限。

針對骨關節炎的軟骨退化，最好的方式，就是讓軟骨修復與再生，而間充質幹細胞（MSC）來源的外泌體，具有治療 OA 的潛在優勢。早期理論認為，MSC 的成骨分化能力與軟骨基質分泌能力，可加快軟骨缺損修復。近年研究表明，MSC 來源的外泌體能分泌促進軟骨細胞（Chondrocyte）增殖和基質（Matrix）合成的因子，維持微環境的穩態，有效促進軟骨修復和再生。如《骨關節炎和軟骨》（*Osteoarthritis and Cartilage*）期刊上，ZHANG 等人在一項股骨遠端軟骨缺損的大鼠模型中，對十二隻大鼠的關節注入 MSC 外泌體，十二週後發現外泌體處理的缺陷，顯示出軟骨與軟骨下骨（Subchondral Bone）完全的修復，證實 MSC 外泌體可以促進軟骨細胞增殖、遷移和基質合成，並減少軟骨細胞凋亡。

MSC 外泌體攜帶的 miRNA，也能對軟骨細胞進行修復調控，成為治療 OA 的潛力因子，如 MSC 外泌體中的 miR 23b、miR 92a，可促進軟骨細胞增殖；miR 125b 和 miR 320，則在軟骨細胞基質合成中發揮作用。另

外有報導指出，香港中文大學和深圳市第二人民醫院骨科基礎研究團隊，透過基因工程化外泌體特異性傳送 miR-140 到軟骨細胞，可抑制軟骨基質降解，有助於骨關節炎的治療。

椎間盤退化症

椎間盤退化症（Degenerative Disc Disease, DDD）是指椎間盤退化所引起的慢性下背痛，通常是椎間盤的旋轉性傷害所造成的，如不小心的扭傷。因為椎間盤的血液循環較差，因此對受傷無法自行修復，而造成退化或慢性疼痛。疼痛多半集中在下背部，有時會延伸到臀部或腿部，無法久坐、久站，彎腰提重物也會加重疼痛。多數椎間盤退化症可透過熱敷、冰敷、服用消炎止痛藥或運動伸展來緩和，若嚴重到干擾正常生活，則考慮進行手術治療。

目前認為，椎間盤退化機制是髓核細胞數量減少，活性降低，導致細胞外基質合成減少，炎性因子累積，進而出現髓核脫水變性的情況。由於椎間盤退化是脊椎老化的過程，如何提供穩定的細胞來源，維持椎間盤形態和功能，逆轉椎間盤退化成為研究重點。研究顯示，大鼠髓核細胞外泌體可在體外誘導骨髓間充質幹細胞向髓核樣細胞分化，且誘導效果優於與髓核細胞的非接觸式共培養，可為椎間盤退化提供一種有效的髓核細胞來源。此外，也有研究證實，間充質幹細胞外泌體可透過抗氧化和抗炎作用改善椎間盤退化，並且傳遞 miRNA 21 來抑制髓核細胞凋亡，為椎間盤退化提供有前景的治療策略。

骨質疏鬆症

　　人體的骨質隨年齡而增加，三十五歲時到達高峰，之後每年骨質流失約 0.5-1％，五十歲起流失更快，每年流失約 1-3％。骨質流失之後，原本強韌的骨骼變得中空疏鬆，甚至脆弱易斷，就是所謂的「骨質疏鬆症」，也因此增加了骨折的風險。治療骨質疏鬆症的藥物，依作用機轉，包括使用賀爾蒙補充劑、雙磷酸鹽藥物來對抗骨質流失，還有副甲狀腺素促進骨質生成等，但長期使用這些藥物，可能會有骨骼、關節或骨骼肌疼痛及腸胃道不適的副作用。

　　不想長期吃藥控制，外泌體提供了治療上的新選擇。研究發現，外泌體可以透過調控骨重塑來影響骨質疏鬆的發展進程。在《國際生物科學雜誌》（*International Journal of Biological Sciences*）研究中，Qi 等人透過體外實驗發現，人誘導的多能幹細胞（hiPSCs, hiPSC-MSC-Exos）的 MSC 外泌體，可有效刺激骨質疏鬆大鼠骨髓間充質幹細胞的增殖與成骨分化，並且成骨分化效應也隨著外泌體的濃度增加而增強，進而促進了臨界尺寸顱骨缺損的骨再生。

骨折癒合

　　與骨質疏鬆息息相關的骨折，也可望透過外泌體促進骨折癒合。目前認為，MSC 外泌體可透過攜帶 miRNA 和 mRNA 等遺傳物質，傳遞訊息調控骨折癒合過程，並透過釋放細胞因子和誘導功能性蛋白，以及介導特殊信號通路與轉錄因子促進骨折癒合。日本的 Furuta 等人發現，在去除 CD9 基因的小鼠股骨骨折模型中，注射骨髓間充質幹細胞培養液或骨髓間充幹細胞外泌體，可以促進小鼠骨折的癒合。另外有報導指出，英國倫敦大學學院和大奧蒙德街醫院的研究人員，成功用羊水幹細胞降低了先

天性成骨不全症（Osteogenesis Imperfecta, OI）小鼠的骨折問題。

　　先天性成骨不全症，就是俗稱的「玻璃娃娃」，是一種罕見的遺傳疾病，導致骨骼很容易骨折。研究人員從懷孕母鼠羊水中取得幹細胞並培養外泌體，給患有 OI 的小鼠注射後發現，牠們的骨折機會比對照組減少78％，顯示羊水幹細胞外泌體對於骨骼強度與骨骼生長，都有相當程度的提高。

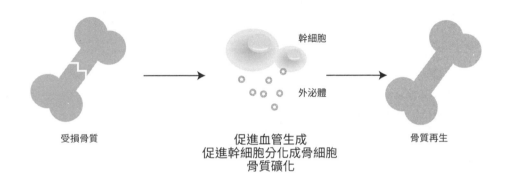

受損骨質

幹細胞

外泌體

促進血管生成
促進幹細胞分化成骨細胞
骨質礦化

骨質再生

　　綜上所述，外泌體可透過其攜帶的蛋白、miRNA 等，對骨骼中的成骨細胞、破骨細胞的活性及分化產生調控，影響骨形成與骨吸收，同時也能透過間充質幹細胞外泌體進行骨骼組織修復與再生，抑制炎症反應等。雖然外泌體的生物學作用仍須在大型動物模型及臨床中進行廣泛研究，相信透過深入的研究與不斷精進，可望為骨關節炎、椎間盤退化、骨質疏鬆、骨折缺損等臨床骨科疾病，帶來逆轉的新希望。

其他疾病應用

近年來，外泌體在其他系統疾病的研究累積了相當多的成果，包括女性生殖系統、人類免疫不全病毒疾病、肥胖症，甚至特殊傳染病等，都有重要的發現，證明了外泌體富含的核酸、蛋白質等多樣生物活性成分，可以成為訊息分子，傳遞到受體細胞，從而改變或調節受體細胞的功能，在疾病診斷與治療上發揮功效。

女性生殖系統疾病

子宮沾黏、卵巢早衰、多囊性卵巢症候群等都是惱人的婦科疾病，隨著再生醫學的發展，有不少研究發現，間充質幹細胞分泌的外泌體，可以修復受損的子宮內膜，改善卵巢功能，進而提高生育能力。另外，對於卵巢癌、子宮頸癌、乳腺癌等婦科腫瘤疾病，外泌體也發揮了重要的功能，為女性生殖系統疾病帶來新契機。

▶子宮沾黏

子宮沾黏（Intrauterine Adhesions, IUA）是由創傷、感染等因素引起的子宮內膜纖維化改變，包括子宮內感染發炎，子宮內膜受傷，重覆性人工流產手術都有可能致病，而且子宮沾黏會使子宮腔減少受精卵著床機會，導致不孕。有專家使用脂肪間充質幹細胞外泌體改善了子宮沾黏大鼠受損的內膜，促進其子宮內膜再生，並提高了大鼠的生育能力。

▶卵巢早衰

卵巢早衰又稱「早發型卵巢功能不全」（Premature Ovarian Insufficiency, POI），指的是發生在四十歲前女性，有月經延遲、量少，甚至閉經的現象，且至少持續四個月以上，通常伴有雌激素（Estrogen）下降，促性腺激素（Gonadotropins, Gn）上升，卵泡數量減少與不孕等症狀。目前卵巢早衰無法逆轉，只能長期使用激素緩解更年期症狀，但有研究發現，在化療誘導的卵巢早衰小鼠模型中，人羊膜上皮細胞（Human Amniotic Epithelial Cells, HAEC）的外泌體，可通過轉移 miRNAs 抑制卵巢顆粒細胞凋亡，在恢復卵巢功能上發揮功效。

▶多囊性卵巢症候群

多囊性卵巢症候群（Polycystic Ovary Syndrome, PCOS）是造成女性不孕的常見疾病之一，發病原因包括先天基因異常，黃體生成素（Luteinizing Hormone, LH）過多，胰島素阻抗等有關，而且可能造成子宮內膜異常增生，甚至引發子宮內膜癌（Carcinoma of Endometrium）。專家發現，在多囊性卵巢症候群大鼠模型中，骨髓間充質幹細胞外泌體可改善卵巢結構和激素水準，這些對多囊性卵巢症候群治療都有著積極意義。

▶生殖系統腫瘤

卵巢癌（Ovarian Cancer）、乳腺癌（Mammary Cancer）、子宮頸癌（Cervical Cancer）都是常見的婦科腫瘤疾病，其中卵巢癌五年存活率僅30％。過去由於缺乏特異性與敏感性的早期診斷標記物，大多數患者確診時已是末期，錯失最佳的治療時機。但現在有研究發現，從卵巢癌、乳腺癌患者的組織與細胞上清液中提取外泌體，裡頭含有不同的 miRNA、mRNA 及蛋白質譜，可作為疾病早期診斷、預後情況監控的生物標記物。隨著液體活檢技術的發展，檢測陰道灌洗液中的外泌體，因含有

miRNA，也可望成為一種新的子宮頸癌早期診斷與篩檢方法。

人類免疫缺陷病毒疾病

人類免疫缺陷病毒（Human Immunodeficiency Virus, HIV）是一種感染人類免疫系統細胞的慢病毒，HIV 病毒會攻擊人體的免疫系統，削弱人體的抵抗力，讓原本不會造成生病的病菌，變得容易侵犯人體，嚴重時會導致病患死亡。HIV 病毒又稱為「愛滋病毒」，但是感染 HIV 後，患者並不會立刻得愛滋病（Acquired Immune Deficiency Syndrome, AIDS），因為愛滋病是後天性細胞免疫功能出現缺陷而導致隨機感染的一種疾病，一般要等到感染進入最後階段才會病發，若病情控制得好甚至不會變成愛滋病。

人類免疫缺陷病毒一型（HIV-1）是第一個用於外泌體研究的 RNA 病毒。在生理功能上，外泌體能促進 HIV-1 感染及其相關免疫反應，感染細胞內的 HIV-1 可將某些病毒蛋白與核酸載入外泌體，傳遞到目標細胞促進後續感染。同時 HIV-1 也能劫持外泌體來完成病毒組裝，或將整個病毒顆粒包裹在外泌體內躲避免疫系統攻擊。在臨床應用上，外泌體甚至可作為 HIV-1 感染進程的監視指標，與抗 HIV-1 感染藥物載體。

在 HIV-1 感染細胞中，負調控因子（Negative Regulatory factor, Nef）是目前研究最多的外泌體相關病毒蛋白，可促進病毒複製和發病機制。研究發現，Nef 可啟動 CD4$^+$ T 細胞，促進 HIV-1 感染，加速感染初期的病毒大量傳播。基於外泌體在 HIV-1 感染過程中能傳遞病毒成分，因此也可作為標記對 HIV 感染過程進行追蹤，尤其在感染 HIV-1 的不同時期，患者體液中的外泌體所攜帶的 HIV-1 核酸與蛋白質種類也會有變化。根據這些變化，可以監測愛滋病的發展情況。

肥胖症

世界衛生組織（WHO）於一九九六年將肥胖列為慢性疾病，比起健康體重者，肥胖者發生糖尿病、代謝症候群及血脂異常的風險超過三倍。而胰島素抵抗是第二型糖尿病（T2DM）的重要發病機制之一。有研究發現，外泌體在肥胖症患者胰島素抵抗的發展中具有重要意義，對於肥胖症治療具有巨大潛力。

肥胖症的主要特徵是機體脂肪組織異位元堆積或脂肪細胞肥大，而脂肪細胞與脂肪組織巨噬細胞（Adipose Tissue Macrophage, ATM）之間的串擾，是肥胖代謝併發症發生的關鍵因素。研究顯示，巨噬細胞可以介導肥胖的慢性炎症。正常人體內的白色脂肪組織（White Adipose Tissue, WAT）以選擇性活化的 M2 巨噬細胞為主，維持脂肪組織內的免疫機能穩定。肥胖患者體內 WAT 則以 M1 巨噬細胞為主，介導脂肪組織炎症的發生發展。

一項臨床研究表明，人體血漿 EV 中的循環 miRNA，可能是肥胖症患者胰島素抵抗表型的生物標記物，有四種 miRNA（let-7b、miR-144-5p、miR-34a 和 miR-532-5p）可以偵測胰島素是否正常分泌，讓外泌體成為最有希望的體液活檢。間充質幹細胞衍生的外泌體，則可以對第二型糖尿病產生治療作用。研究人員發現，注射人臍帶間充質幹細胞（hucMSC-ex）的外泌體，可顯著改善第二型糖尿病大鼠的高血糖。

特殊傳染病

外泌體在特殊傳染病的發病機制上，也提供重要的發現。二〇一六年，美國喬治亞大學的研究人員發現，引起非洲錐蟲病（African Trypanosomiasis）的錐蟲會釋放細胞外囊泡。這些細胞外囊泡的蛋白質富

含特定的鞭毛膜蛋白，並包含了一些可毒殺或抵抗宿主相關的蛋白質。這些細胞外囊泡，可在寄生蟲與宿主細胞之間傳輸致病因子，成為非洲錐蟲病的重要發病機制。如能抑制胞外囊泡與宿主細胞融合，即可為疾病的治療提供新方向。

二〇一六年，美國康乃狄克大學的研究人員發現外泌體的新功能，那就是在革蘭氏陰性細菌（Gram-negative Bacteria）感染過程中，傳遞脂多糖（Lipopolysaccharide, LPS）至宿主胞質然後活化 caspase-11 的關鍵作用。他們研究出，革蘭氏陰性細菌產生的細胞外囊泡可作為載體，傳遞 LPS 進入宿主細胞質，在體外和體內實驗中觸發 caspase-11 依賴性免疫反應。

外泌體在其他疾病的應用

作為治療用

子宮沾黏
卵巢早衰
多囊性卵巢症
高血糖

作為診斷用

生殖系統疾病檢測
胰島素分泌狀況
細菌、傳染病檢測

外泌體
在保健食品的應用

5

植物外泌體

近年來，植物外泌體（Plant Exosome-like Nanovesicles, PELNVs）的研發受到關注，PELNVs 是由植物細胞分泌的奈米級小囊泡，內含 DNA、RNA、脂質、蛋白質等物質。PELNVs 具有抗發炎、抗病毒、抗纖維化、抗腫瘤等功用，可參與病原體侵襲的防禦反應，能提供獨特的形態和成分，作為天然奈米載體的特性，加上它具有比動物性外泌體更多的優點，並將這種由植物細胞分泌至胞外，類似於動物外泌體的囊泡，稱為「外泌體樣奈米顆粒」，可作為各種疾病的天然療法，為講求自然與安全的保健食品開發注入新機制。

結構組成

早期科學家研究外泌體，大都從人、鼠、牛等動物的組織或細胞中鑑定出外泌體。二〇一三年，有研究人員運用差速離心和蔗糖梯度離心相結合的方法，首次從葡萄中分化出 50-300nm 的囊泡狀結構，並將這種由植物細胞分泌出的外泌體的囊泡稱為「類外泌體奈米顆粒」（Exosome-like Nanoparticles, ELNs）。

植物外泌體結構與動物外泌體相似，均含有蛋白質、脂質和 RNA 成分，但與動物外泌體仍有差異性。

▶蛋白質

　　與動物外泌體的蛋白質組成相比，蔬果來源的 ELNs 中所含蛋白質的種類與含量較少，目前已鑑定出幾項調節糖脂代謝的蛋白質種類，包括肌動蛋白和在細胞質蛋白內的酶類、GTPases（Rab 蛋白質家族）、與膜和囊泡相關的蛋白質（如內體分揀轉運複合體（Endosomal Sorting Complex Required for Transport, ESCRT）等蛋白質組成不同。

▶脂質

　　蔬 果 等 可 食 用 植 物 組 織 中 最 典 型 的 脂 質 是 磷 脂 醯 膽 鹼（Phosphatidylcholine, PC）、磷脂醯甘油（Phosphatidylglycerol, PG）、磷脂醯乙醇胺（Phosphatidylethanolamine, PE）、磷脂醯肌醇（Phosphatidylinositol, PI）和少量的磷脂酸（Phosphatidic Acid, PA）。尤其 PA 是重要的脂質訊號分子，能夠通過不同的作用調節細胞進出；DGDG 和 MGDG 是重要的醣脂類，可以在凍乾過程中穩定 ELNs。另外，蔬果來源的 ELNs 與動物的外泌體最不同之處在於，PELNVs 並未發現膽固醇。

▶核酸（RNA）

　　蔬果 ELNs 中含有大量 RNA，主要為 miRNA。研究人員從生薑、椰子、哈密瓜、梨、奇異果、番茄等的 ELNs 發現，這些果蔬 ELNs 中含有 32–118 種短 25nt 的 miRNA。二〇一八年，研究人員更進一步從藍莓、柳橙等十一種可食用蔬果中的外泌體奈米顆粒中，發現 miRNA 與發炎反應、癌症相關途徑密切相關，證明蔬果中的 miRNAs 具有調節人類 mRNA 的潛力，再次證實食用蔬果對人體健康的益處。

運用在保健食品的優勢

　　PELNVs 與動物外泌體相較，更適合運用在保健食品，主要具有兩大
優勢：

▶天然來源和組合成分

　　PELNVs 循環周期長，生物利用度更高，而且植物不會攜帶人畜共患
或人類病原體，因此，PELNVs 比哺乳動物細胞衍生的外泌體具有非免疫
原性和無害特性。藥用植物的 PELNVs 具有各種生物活性的脂質、蛋白
質、RNA 等成分，是天然的奈米製劑，證明在腫瘤、免疫調節、腸道疾
病與再生醫學等方面，具有顯著的調控作用。

▶具有奈米載體的形態與特點

　　PELNVs 可作為低毒性的奈米載體，完成對外源性藥物分子的遞送，
比起哺乳動物來源和人工合成的奈米囊泡，PELNVs 的藥物遞送在生物相
容性、穩定性、體內分布、延長半衰期和細胞內化等方面都有著優勢。另
外，PELNVs 還有體積小、組織穿透性強等特點，在不同的酸鹼度和溫度
下都能維持穩定性，使得 PELNVs 成為經皮藥物遞送系統（Transdermal
Drug Delivery System, TDDS）、靶向給藥、基因傳遞等理想的載體選擇。

　　例如：葡萄柚的 ELNs 作為載體裝載免疫抑制劑——氨甲蝶呤
（Methotrexate, MTX）後，可以將 MTX 靶向遞送至腸道細胞，並通過減
少細胞因子 TNF-α、白細胞介素 1β（interleukin-1β, IL-1β）和 IL-6 的
產生而緩解由 DSS 誘導的結腸炎。生薑中的 ELNs 採用超聲波的方法裝
載阿黴素（Doxorubicin, DOX），其裝載效率可達 95%，透過葉酸配體進
行靶向修飾後，可以高效靶向並顯著抑制異種移植的 Colon-26 腫瘤細胞
的生長。

源自食用與藥用植物的不同功能

不同來源的植物外泌體有不同作用。以下是經專家學者的研究,被證實具有療效:

▶ 番茄 (Tomato)

番茄有豐富的茄紅素,可降血壓和膽固醇。研究人員採用多步差速離心法和蔗糖密度梯度法優化番茄外泌體的提取技術,建立了番茄外泌體負載模型藥物和目的基因的奈米藥物,並利用外泌體裝填奈米藥物,觀察藥物被細胞的攝入情況。研究中發現,裝填奈米藥物的番茄外泌體對細胞無害,且可以針對目標基因作表達調控,讓番茄外泌體成為潛在的藥物載體。

▶ 葡萄 (Grape)

研究發現,從碾碎的葡萄中可分離出一種類似外泌體奈米顆粒(GELN)。這些 GLEN 被小鼠食用後,可以穿過腸道黏液進而被小鼠腸幹細胞吸收,並通過 Wnt/β-catenin 途徑誘導 Lgr5hi 腸道幹細胞增殖,加速腸黏膜上皮的恢復,能躲過各種

消化酶的水解,最終到達腸道,加快腸道上皮增殖,促進結腸炎的恢復與調節腸道組織更新。

▶ 綠花椰菜 (Broccoli)

研究顯示,綠花椰菜可以靶向樹突細胞(DC),調控 DC 中由腺苷單磷酸活化的蛋白激酶(AMP-activated Protein Kinase, AMPK),減少細胞因子

干擾素 γ（interferon γ, IFN-γ）和腫瘤壞死因子 α（Tumor Necrosis Factor α, TNF-α）的釋放，提高抗炎因子的表達，防止腸道 DC 的活化，形成耐受性 DC，使小鼠結腸炎症狀得到改善。

►檸檬（Lemon）

檸檬的 ELNs 可以誘導腫瘤壞死因子相關凋亡誘導配體（TNF-related Apoptosis-inducing Ligand, TRAIL）的表現，增加促凋亡基因 Bad 和 Bax，降低抗凋亡基因 Survivin 和 Bcl-xl；同時，還可以引起血管內皮生長因子（Vascular Endothelial Growth Factor A, VEGF-A）、白細胞介素 -6

（Interleukin-6, IL-6）和白細胞介素 -8（Interleukin-8, IL-8）下降，抑制血管的生成，抑制癌細胞的增殖。

►薑黃素（Curcumin）

薑黃素是薑黃類植物中含有的一種多元酚，具有抗發炎、抗氧化及抑制惡性腫瘤細胞增殖等廣泛的藥理作用。但因本身水溶性較差，有效成分利用率偏低。研究發現，利用牛奶來源外泌體作為薑黃素的藥物載體，可以明顯提高其溶解度，藥物穩定性增加，提高藥物療效，增加腸道細胞攝取率，進而降低因消化過程造成的有效成分的降解，高生物利用度。

生薑的類外泌體奈米顆粒（Ginger Exosome-like Nanoparticles, GELNs；Ginger Derived Exosome-like Nanoparticles, GDENs）可被腸道細菌攝取，易被乳桿菌吸收，所含的 miRNA 可直接調控特定細菌的基因表現和代謝物，影響菌群組成和宿主生理，增強宿主腸道屏障功能，緩解小鼠的結腸炎。另外研究也發現，生薑 GELNs 能通過與牙周組織表面的血紅素，結合蛋白 35（HBP35）產生相互作用，使得牙齦卟啉單胞菌（Porphyromonas gingivalis, Pg）的致病率降低，證明利用 GELNs 可以作為預防治療慢性牙周炎的潛在治療天然藥劑。

二〇一四年，研究人員首先使用差速離心法從葡萄、葡萄柚、生薑、胡蘿蔔這四種蔬果中提取，得到了外泌體奈米顆粒的粗提物，然後將其重懸後轉移至不同品質分數的不連續蔗糖介質中（8%、15%、30%、45% 和 60%），在 4℃、150000×g 條件下差速離心兩小時，收集 8% 與 15%、15% 與 30%、30% 與 45% 蔗糖梯度層之間的數據，經 PBS 稀釋後於 4℃、150000×g 條件下，再次差速離心兩小時，洗去蔗糖溶液，最終將得到的沉澱重懸於 PBS 中，得到高純度的外泌體奈米顆粒。

到了二〇一八年，提取生薑衍生的外泌體奈米顆粒，技術更為精進。研究人員採用差速離心法與聯合密度梯度離心法，將粗濾過的生薑汁在 4℃ 下以 10000×g 離心一小時，取上清液重複二至三次，再用 100000×g 離心八十分鐘，之後進行差速離心濃縮，並與 60% 碘乙醇按不同比例混合，最後在 4℃ 下，以 40000 轉速（rpm）超離心形成了平衡密度梯度，進而收集分析。在差速離心過程中，人員利用了緩衝墊。結果顯示，緩衝方法不僅提高產量，而且也提高了 GDENs 的質量。

由於研究發現 GDENs 與人類細胞來源的的外泌體相比，只要使用普通的果汁攪拌機，可在一小時內加工多達三公升的薑汁原料，相當於三百個 150 mm 細胞培養皿，成本產量可大幅度下降約三百倍，減少了大規模細胞培養的時間和勞動力，顯示大規模生產植物外泌體的經濟優勢。

▶白藜蘆醇（Resveratrol）

　　源自葡萄、藍莓、樹莓的白藜蘆醇是一種天然存在的多酚類化合物。眾多研究顯示，白藜蘆醇具有抗發炎、抗腫瘤、心血管保護、保肝、神經系統保護、免疫調節、抗衰老等多種藥理作用。但是，白藜蘆醇較難溶於水，化學性質不穩定，易被氧化分解，口服後在體內迅速代謝，生物利用度低。利用幹細胞外泌體作為奈米載體，既可以實現藥物的有效遞送，其中以胚胎幹細胞與誘導人多能幹細胞來源的外泌體作為白藜蘆醇的藥物載體，可提高白藜蘆醇的生物學效應與防治各器官衰老的效果。

▶紅景天（Rhodiola）

　　紅景天可提升身體能量精神與心智，幫助身體適應，抵抗來自於生理、化學與環境的壓力，改善體適能表現。研究發現，紅景天外泌體 HJT-sRNA-m7 在體外和小鼠肺組織中，均能有效的降低纖維化標記基因和蛋白的表達。紅景天的植物 sRNA，可通過脂質複合物途徑進入人體，為口服 sRNA 作為治療藥物提供了一種創新的治療策略。

▶雷公藤紅素（Celastrol）

　　雷公藤中含有一種醌甲基三萜類化合物（Quinone Methyl Triterpenoids），具有抗發炎、免疫抑制、抗腫瘤等多種作用。但該植物水溶性差、生物利用度低，口服易產生不良反應等問題，影響了臨床廣泛應用。研究發現，利用牛奶來源外泌體作為雷公藤紅素載體，能有效抑制非小細胞肺癌的增殖並呈時間和濃度依賴性。外泌體可抑制腫瘤壞死因子 α 所誘導的 NF-κB 的活化，並能通過內質網應用途徑，啟動細胞凋亡，而抑制非小細胞肺癌的增殖與轉移。

▶向日葵（Sunflower）

從向日葵幼苗的細胞外液中分離出的細胞外囊泡（Extracellular Vesicle, EV），透過穿透式電子顯微鏡和蛋白質組學分析，發現這些EV富含細胞壁重塑酶和防禦蛋白，被植物病原真菌核盤菌吸收，EV具有與真菌細胞相互作用和殺滅真菌細胞的能力。

目前植物外泌體研究來源大多為可食用或藥用植物，隨著不同素材來源類外泌體奈米顆粒（ELNs）結構特徵、化學組成以及生理活性研究的相繼展開，市場對於這種囊泡結構的認識也不斷提升。對於ELNs的功能、治療疾病潛力的認識日益增加。ELNs具有獨特的結構和理化活性，被細胞高效內化，低毒性以及內在的靶向能力的優勢，ELNs可預期將是外泌體新的研究焦點，並以來源廣泛、生物安全性高的優勢，在保健食品和醫學領域更為廣泛運用，開啟一條全新的思路。

外泌體
在護膚產品的應用

6

幹細胞與植物細胞外泌體

　　近年研究顯示，由人體不同部位幹細胞所分泌的外泌體，能夠減少皮膚因日晒引起的損害老化，維護皮膚屏障，幫助恢復皮膚細胞活力，減輕炎症反應，促進血管再生，參與皮膚組織修復再生多種功能。萃取自植物細胞的外泌體研究顯示，對於抑制黑色素和抗發炎有著顯著功效，可作為美白護膚製品中原料。外泌體集結各種優點，將成為未來保養品市場的新寵，為美容產業開發另個新領域。

對於皮膚的抗老、再生活化功效

　　人體的皮膚組織存在少量的幹細胞，是維持皮膚年輕狀態的重要條件，一旦隨著年齡增長，衰竭是造成皮膚老化的原因之一。近年研究人員從人體部位的幹細胞所分泌的外泌體，發現對皮膚有不同的作用，顯示細胞外囊泡（SEV）傳輸 miRNA 對皮膚組織再生活化有著顯著功效。

▶誘導型多能幹細胞外泌體（Induced Pluripotent Stem Cell, iPSCs-Exo）

　　高度純化的 iPSCs-Exo 對皮膚減緩老化有著良好功效，從實驗中可觀察到 iPSCs-Exo 在正常條件下刺激了真皮成纖維細胞（HDFs）的增殖和轉移，並抑制紫外線（UVB）照射引起的 HDF 損傷和基質降解酶（MMP-1/3）的活躍，增加光老化 HDF 中一型膠原蛋白的表現，證明 iPSCs-Exo 具有治療皮膚老化的潛力。

►骨髓間股質幹細胞外泌體（Bone Marrow Mesenchymal Stem Cells, BM-MSCs）

　　從實驗中發現，BM-MSCs 可減少小鼠的光老化和炎症，讓 M2 巨噬細胞減少促炎細胞因子釋放，促進血管生成，運輸代謝廢物，讓皮膚保持年輕，成為皮膚再生的關鍵。

►脂肪組織來源的間充質幹細胞外泌體（Adult Stem Cell, ASc-Exo）

　　研究發現，透過皮下注射 ASc-Exo 可刺激神經醯胺（Ceramide）的合成，增加皮膚角質層水合度，增加保濕能力，減緩異位性皮膚炎（Atopic Dermatitis, AD）的反覆發炎症狀，增加皮膚屏障能力。另外，韓國研究人員也發現，ASc-Exo 可減少中波紫外線引發的細胞凋亡和促進纖維細胞合成膠原蛋白，達到除皺效果。

►人類臍帶間充質幹細胞外泌體（Umbilical Cord Mesenchymal Stem Cell, UC-MSC）

　　UC-MSC 可參與皮膚創傷修復。從實驗小鼠體內發現 UC-MSC 介導的連環蛋白（Catenin）活性，在上皮形成和細胞增殖中發揮重要作用，顯示幹細胞對皮膚修復是通過外泌體發揮作用。

►血小板外泌體（Platelets Exosomal Product, PEP）

　　美國著名的梅奧診所研究證明，PEP 是一種在室溫下穩定的外泌體，因富含轉化生長因子 β（TGF-β），與纖維蛋白（TISSEEL）結合後，能夠治療缺乏血液的壞死性傷口，恢復組織的血液供應，且使用一次就可達到效果，造福患有糖尿病、壓力性潰瘍、動脈硬化、外傷或放射治療副作用的患者，促進膠原蛋白合成與恢復真皮結構，達到皮膚再生的功效。目前不少醫美院所已將 PEP 列為皮膚抗老新生療程。

▶人類胎盤幹細胞外泌體（Placenta Mesenchymal Stem Cell, PlaMSC）

　　PlaMSC 衍生的外泌體經證實可以促進血管生成活性，刺激內皮管的形成和轉移，並增強血管生成相關基因，增加傷口修復能力。

天然的美白與抗發炎功效

　　隨著女性對皮膚美白的追求，愈來愈多的人使用美白護膚產品，無不希望擁有白皙潔淨的膚色。皮膚會變黑，主要是皮膚中的黑色素細胞（Melanocyte）合成。黑色素通過滲透作用向相鄰細胞擴散，在皮膚上形成顏色，顏色的深淺主要由皮膚中黑色素的含量決定。黑色素細胞內的脂肪酸酪氨酸在酪氨酸酶（Tyrosinase）的作用下，生成多巴醌（L-dopaquinone, L-DOPA），在氧化作用下，皮膚組織的紅色素及無色色素會轉變為黑色素。

　　研究人員發現，角質形成細胞來源的外泌體，對黑色素細胞活化有顯著影響，顯示在調節皮膚色素沉著發揮作用。經實驗培養後發現，特定的外泌體可分泌誘導劑和抑製劑，能控制黑色素合成，讓皮膚維持白皙。全球女性對美白護膚保養品有廣大的需求，一年有高達八十六億美元的產值，成為龐大的商機，但許多號稱美白的護膚保養品添加的抗黑色素生成劑，像是對苯二酚（Hydroquinone）、A 酸（Retinoic Acid）則容易產生副作用，如接觸性皮膚炎，或是不良的皮膚滲透性。美白針中的傳明酸（Tranexamic Acid）成分，由於具有凝血作用，不適合用於有血栓，或正服用抗凝血劑的人使用。近年來，科學家轉向從植物部位萃取細胞外泌體，以天然成分達到美白功效，減少化學合成美白劑對皮膚的損害。

外泌體在皮膚細胞扮演的功能

皮膚科

傷口修復
皮瓣重建術
免疫性皮膚疾病治療

醫學美容

皮膚修復
美白
毛髮增生
除疤

▶ **黃漆木**（Dendropanax Morbifera）

　　經實驗證明，黃漆木葉子和莖中提取的外泌體在對抗黑色素生成有良好效果。研究人員使用分光光度和生化方法，發現葉子來源的細胞外囊泡（LEVs）和莖來源的細胞外囊泡（SEVs），可降低小鼠黑色素瘤細胞系中的黑色素含量和酪氨酸酶活性，對黑色素的形成有良好的抑制作用，並且沒有明顯的細胞毒副作用。這個發現讓黃漆木可望成為藥妝產品中作抗黑色素生成劑。

▶ **丹參葉**（Salvia Miltiorrhiza）

　　丹參葉根莖中提取的細胞外囊泡，可以抵抗黑色素生成作用。研究人員以小鼠做實驗，使用分光光度法和生化方法，發現葉源性細胞外囊泡（LEV）和莖源性細胞外囊泡（SEV）可降低小鼠黑色素瘤細胞系中的黑色素含量和酪氨酸酶活性，均未引起顯著的細胞毒性，且 LEVs 對黑色素產生的抑製作用比傳統美白劑熊果素（D-Arbutin）效果更強，可作為藥妝製劑中的抗黑色素生成劑。

►有機綠茶乳酸菌（APsulloc）

韓國美妝集團研發人員在濟州島有機茶田，獨家發現的植物性綠茶乳酸菌株外泌體，對人體皮膚組織和免疫細胞具有抗發炎效果。這項研究是從儀器中，分化出具有抗炎作用的 M2 型巨噬細胞。因此，有助於改善皮膚炎症反應，以緩解高炎症性皮膚病。

►紫草素（Shikonin）

紫草是應用層面寬廣的植物，由紫草根中萃取的紫草素外泌體，不僅可抑制腫瘤細胞，對皮膚也有著良好功效。紫草素適用於各種膚質，具有祛痘和消炎、止血、促進皮膚再生，細胞新陳代謝的功效，能迅速滲入皮膚、促進傷口癒合，目前已成為廠商的護膚品原料。

►小麥草（Triticum Aestivum）

小麥植物萃取物通常用作傳統醫學中的天然治療劑，它具有高抗氧化特性、生物活性化合物、生物類黃酮和礦物質。研究人員發現，小麥草外泌體在傷口癒合過程中產生活性，從實驗中觀察，將小麥外泌體濃度增加至 $200\,\mu g/mL$，對內皮、上皮和細胞產生了驚人的增殖和轉移作用，提升一型膠原蛋白的 mRNA 水平，使得膠原蛋白增生，並增加傷口纖維細胞的增殖和轉移，增加細胞活力，讓皮膚保持彈性。

不論動物外泌體或植物外泌體，都證明在皮膚抗老、美白、再生、活化都取得一定成效，外泌體勝於目前傳統護膚品優勢，在於避免非自體細胞應用的免疫排斥問題，安全性上更有保障。綜合上述幾項上述所提及的植物外泌體，已有幾項實驗證明對於皮膚的各項活性，目前已有藥妝集團正開發出外泌體相關皮膚保養品，相信在各方人員的努力下，將會開創外泌體在保養品產業的新趨勢。

外泌體
在藥物開發的應用

7

藥物載體功能的巨大潛力

外泌體遞送藥物的研究逐漸增多，包括小分子化學藥物、蛋白質及基因藥物等，都已被成功載入外泌體。在靶向給藥領域，外泌體在神經系統疾病，尤其是腦部疾病與腫瘤等的研究中，表現出巨大的潛力。此外，外泌體的藥物載體應用還擴及中國傳統醫學，與中醫理論相容，可讓傳統藥物發揮更好的臨床療效。

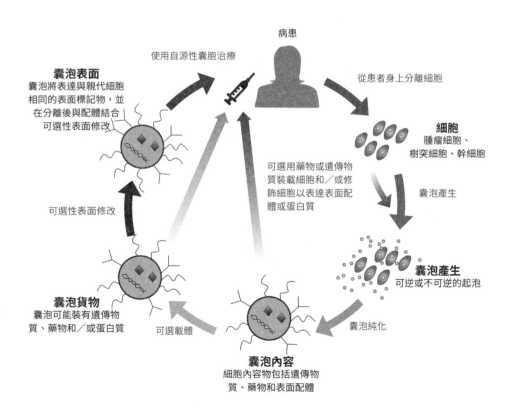

病患

使用自源性囊胞治療

從患者身上分離細胞

囊泡表面
囊泡將表達與親代細胞相同的表面標記物，並在分離後與配體結合
可選性表面修改

可選用藥物或遺傳物質裝載細胞和／或修飾細胞以表達表面配體或蛋白質

細胞
腫瘤細胞、樹突細胞、幹細胞

囊泡產生

可選性表面修改

囊泡貨物
囊泡可能裝有遺傳物質、藥物和／或蛋白質

可選載體

囊泡產生
可逆或不可逆的起泡

囊泡純化

囊泡內容
細胞內容物包括遺傳物質、藥物和表面配體

供體細胞選擇與藥物裝載方法

相較於現有的藥物載體如人工製造的脂質體，外泌體具有更多的優越性。首先，外泌體以其天然的內含物，可轉移到受體細胞並進行調控，且不同來源的外泌體表面分子不同，對受體細胞有一定選擇性，在治療上更有利。其次，脂質體對親水性物質的包裝效率較低，在遞送核酸方面受限制，而外泌體有親水性核心，可以大大提高包裝效率。

外泌體不僅可以通過內源內含物對受體細胞發揮治療作用，也可以透過裝載外源物質對受體細胞發揮療效。然而，在藥物裝載上首先要考量的是外泌體供體細胞的選擇，現在常用的包括未成熟的樹突細胞（DC）、間充質幹細胞（MSC）或是人胚胎腎細胞293（Human Embryonic Kidney Cells 293, HEK293）來源的外泌體。其中，未成熟的DC細胞毒性較低，也較不會引起機體的免疫反應，但缺點是外泌體收集量較小，而MSC與HEK293的T細胞外泌體產量較大。

在藥物裝載上，主要有「間接載藥」與「直接載藥」兩種方式。間接載藥是讓藥物與供體細胞共培養，或是透過化學方法轉染供體細胞，讓供體細胞分泌的外泌體自然含有藥物，這種方式較為成熟，應用較廣，但轉染效率低；直接載藥是指通過操作外泌體，直接將藥物裝入外泌體中，常見方法是將藥物與外泌體共培養、透過化學轉染法轉入外泌體中，或以電穿孔（Electroporation）技術將藥物導入外泌體中，這種方式的轉染效率較高，但目前尚不成熟。

藥物載體應用與疾病治療

外泌體的雙層脂質構造，和最適宜細胞吞噬的奈米尺寸大小，與優良的生物相容性，在藥物載體領域具有巨大的潛力，包括小分子化學藥

物、蛋白質類藥物、基因類藥物等，都可以裝載到外泌體上，而且外泌體還具有穿越各種生物屏障（如細胞質膜／血腦屏障）的能力，使得外泌體成為理想的治療傳遞分子。

▶小分子化學藥物

外泌體的結構為小分子化學藥物的攝取與傳輸提供了基礎，可降低藥物的副作用，提高藥物的利用效率，比傳統的化學藥物遞送系統更具優勢。常用於化療的紫杉醇（Paclitaxel, PTX）、阿黴素（Doxorubicin, DOX），與抗炎藥物薑黃素等小分子化學藥物，經研究發現，都可以成為外泌體負載藥物。有研究透過將高劑量的紫杉醇和 MSC 混合培養，使 MSC 來源的外泌體裝載紫杉醇，以胰腺癌細胞做為受體細胞，有效的抑制了胰腺癌細胞的增殖；還有以白血病細胞 U937 為供體細胞，將其與阿黴素混合培養，發現對癌細胞有明顯抑制作用。另外，也有研究透過多種細胞與薑黃素共培養，使用裝載薑黃素的多種細胞來源外泌體，以髓樣細胞為受體細胞，成功干預了免疫紊亂。

▶蛋白質類藥物

蛋白質類藥物主要包括酶、多肽及細胞因子等，因具有特殊的藥理活性而成為疾病治療的重要藥物，但缺點是分子量大、穩定性差，而限制了臨床應用。然而研究顯示，外泌體是攜帶蛋白質藥物的優良載體，可實現靶向給藥和穩定酶活性等功能。二〇一三年，MIZRAK 等人在《分子治療》（*Molecular Therapy*）中，最早將蛋白質與 mRNA 的混合物裝載於外泌體，用於抗神經鞘瘤（Neurilemmoma）的治療，為外泌體攜帶蛋白質的研究揭開序幕。另外，有研究則利用天然巨噬細胞分泌的外泌體攜帶腦源性神經營養因子（Brain-derived Neurotrophic Factor, BDNF），實現了腦部炎症病變下的主動靶向給藥，為腦部炎症治療及大腦營養提供了新方法。

▶基因藥物

外泌體裝載的基因藥物主要有 mRNA、miRNA、siRNA 三類，其中又以能夠執行 RNAi 的 siRNA 居多。研究發現，外泌體可以通過自體攜帶的 miRNA 進行細胞間訊息交流，也可以透過裝載外源的 miRNA 對受體細胞發揮作用，如外泌體可以通過攜帶沉默結締組織生長因子 2（Connective Tissue Growth Factor 2, CCN2）mRNA 的 miRNA-214，在人或鼠肝星狀細胞（Hepatic Stellate Cells, HSC）間進行 miRNA-214 的傳遞，抑制了肝星狀細胞的纖維化。另外，也有研究將疏水修飾的 siRNA（hsiRNA），與惡性膠質瘤 U87 細胞的外泌體進行混合培養，裝載 hsiRNA 遞送到原代培養的小鼠大腦皮質（Erebral Cortex）細胞中，透過使亨廷頓 mRNA 沉默，發揮治療亨廷頓舞蹈症（Huntington's Disease, HD）的作用。

▶靶向給藥

為了增強外泌體的治療作用，減少對正常細胞的毒害，提高外泌體的靶向給藥能力非常必要。外泌體的靶向策略主要有修飾外泌體表面蛋白質，以增強靶向作用。有研究使用自體衍生的樹突細胞進行外泌體生產，通過改造樹突細胞，以表達溶酶體相關膜蛋白 2（Lysosomal-associated Membrane Protein 2, LAMP2B），來實現神經細胞（Nerve Cell）的靶向作用。外泌體通過電穿孔載入外源 siRNA，透過靜脈注射將 siRNA 遞送至小鼠大腦，證明了外泌體可以通過血腦屏障，對神經細胞發揮作用。

另外，也可導入在特定細胞發揮功能的 mRNA 來實現靶向給藥，如有科學家在供體細胞導入自殺基因 mRNA，以及與尿嘧啶磷酸核糖轉移酶（Uracil Phosphoribosyltransferase, UPRT）融合的蛋白質–胞嘧啶脫氨酶（Cytosine Deaminase, CD），來產生基因工程（Genetic Engineering）外泌體。將這些外泌體直接注射到神經鞘瘤小鼠身上，在施加癌前用藥

5- 氟胞嘧啶（5-fluorocytosine, 5-FC）的情況下，會特異性的殺傷同時表達 CD 和 UPRT 的腫瘤細胞，實現靶向作用，抑制神經鞘瘤生長。

中醫藥的應用

外泌體的廣泛運用不僅在西方醫學，中國傳統醫學同樣也受惠。外泌體的分布廣泛性、生物相容性和靶向運輸性等特點，與中醫理論對物質基礎的要求皆相符。還有學者認為，外泌體可用來闡釋中醫臟腑的相關理論，甚至可作為一種生物標記物，用於中醫證候的判斷與治療。因此，將外泌體研究應用於中醫領域，是一個值得研究的重點方向，尤其在中醫腫瘤領域、冠心病、腦中風，甚至是經絡針灸，因為外泌體與神經系統、體液系統、免疫系統都有密切關係。

已有學者研究發現，針灸可引起穴位局部微環境中神經興奮，肥大細胞啟動和相訊號分子釋放。肥大細胞釋放的外泌體是重要的傳導者，可啟動針灸效應，發揮針灸的整體調節作用。所以，外泌體研究可為中醫及針灸作用機制提供客觀、量化、整體性的實驗依據。

外泌體作為載體可以裝載不同種類的藥物，目前主要集中在 miRNA 和 mRNA 等基因類抗腫瘤藥物，及增強免疫功能的特定蛋白質等。近年來，隨著中醫藥研究的深入，發現包括薑黃素、紫杉醇、梓醇、β- 欖香烯（β-elemene）、雷公藤紅素等天然草藥，可以載入外泌體中，在提高藥物療效，降低藥物毒性，改善化療藥物的耐藥性，增加對化療藥物的敏感性等各方面，都有顯著成果。

未來的挑戰與展望

　　即使外泌體在中西醫載藥上都有一定的貢獻，但作為一種新興的藥物載體，外泌體在應用方面還有許多的挑戰。目前在臨床上無法廣泛應用的主要原因，是傳統培養的外泌體產量較低，還有靶向給藥的問題，儘管靶向性修飾方法已在實驗中取得進展，但體內環境複雜，所修飾的外泌體進入體內後也不見得穩定。然而值得肯定的是，隨著對外泌體的深入研究與改造，將有助於這些問題的解決，並推動外泌體在臨床上作為藥物載體的應用。

外泌體
在疾病診斷的應用

8

訊息分子傳達的重要訊息

　　人體內幾乎所有細胞都可以分泌外泌體，無論是處於正常或是病理狀態。外泌體中含有蛋白質、脂質、核酸（如 mRNA、miRNA、lncRNA、DNA）等訊息分子，這些內含物的變化，可以反映來源細胞的生理與功能狀況，甚至可表達細胞病態的相關分子訊息，使得外泌體成為疾病診斷重要的生物標記，甚至可取代傳統組織切片，成為液體活檢的新興技術。

疾病診斷的生物標記物

　　外泌體中作為疾病診斷的生物標記物主要是核酸和蛋白，尤其是微小 RNA（microRNA, miRNA）的研究最為廣泛，已經被證實可作為診斷多種疾病的標記物。

▶外泌體蛋白

　　外泌體中含有多種類型的蛋白質，如膜蛋白（Membrane Protein）和胞漿蛋白（Cytoplasmic Protein）。這些蛋白在一定程度上可以反映出細胞的功能和狀況。目前，在中樞神經系統疾病、癌症等診斷上，已發現大量的潛在標記蛋白分子，如研究指出，腦癌患者的血清外泌體中含有表皮生長因子 EGFR、EGFRvIII 和轉化生長因子 TGF-β；與帕金森氏症有關的毒性蛋白 α-synuclein（突觸核蛋白）則可以在外泌體中被檢測出來。透過分析比較不同類型癌症患者外泌體中標記蛋白的表達量，發現惡性腫

瘤細胞分泌的外泌體中，四跨膜蛋白 CD63（Transmembrane 4 Superfamily CD63）比正常細胞的表達量要高，代表外泌體表面的 CD63 或許可作為癌症診斷的蛋白標記物。

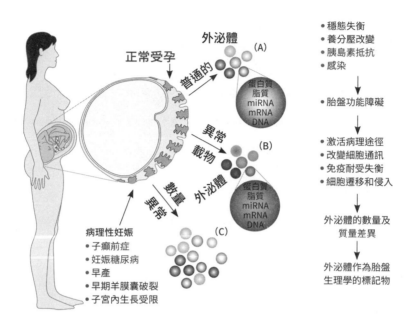

▶外泌體核酸 miRNA、mRNA、lncRNA

在外泌體脂質雙層的保護下，miRNA 可免於被 RNA 酶降解，能在血液循環中穩定存在，因此成為疾病診斷的明星因子，尤其經常應用於癌症早期診斷的生物標記物。miRNA 在惡性腫瘤組織中的特異表達，可以透過腫瘤細胞的分泌，出現在體液外泌體 miRNA 中，區分出正常組織、良性腫瘤與惡性腫瘤的作用。研究發現，外泌體中的 miR-141 和 miR-375 與前列腺癌的腫瘤生長有關；miR-21 與初級食道癌的生長和侵染有關，都可以作為癌症的標記分子。

另外，訊息 RNA（messenger RNA, mRNA）也可作為潛在的臨床診斷分子。研究人員證實了兩種 mRNA：PCA-3 和 TMPRSS2，可作為診斷前列腺癌的生物標記物；還有源自癌細胞的循環外泌體 lncRNA（Long non-coding RNA），也證實可以作為潛在的早期胃癌生物標記物。

疾病診斷中的應用

　　了解疾病的發生和發展機制，有助於促進疾病的診療與幫助患者恢復健康。而外泌體以其獨有的生物學特徵，參與了多種疾病的發生和進程，在疾病診斷與預後都提供了重要指標。

▶腫瘤疾病

　　大多數的腫瘤疾病由於病情不易發現，病程演變快，使得很多腫瘤患者在確診時多半已經是腫瘤末期或發生轉移。目前腫瘤早期診斷主要透過組織切片、光學影像檢查等，但這些方法準確率低、特異性也低。腫瘤細胞分泌的外泌體因含有 miRNA，透過特異性表達，可作為腫瘤的生物標記，有助於腫瘤早期診斷和預後判斷。臨床分析證明，外泌體對卵巢癌、前列腺癌、膀胱癌、胰臟癌、肺癌等多種癌症有一定的作用。外泌體 miRNA 的數量可能與腫瘤的大小變化有關，腫瘤患者血清的外泌體數量可能也與腫瘤的分期、分級相關。

▶心血管疾病

　　心血管疾病是現代人常見的文明病，其中心肌梗塞嚴重的話會導致猝死，心臟衰竭的死亡率也高達五成，比癌症還致命。在心血管疾病中，miRNA 最常被作為生物標記，如研究發現，在心肌梗塞早期外周血中的單核細胞即可高度活化，分泌大量載有 miRNAs（如 miR-122、-140-

3p、-720、-2861）等的外泌體，可作為檢測早期心肌梗塞的臨床指標。

► **消化系統疾病**

消化系統結構複雜，相關疾病種類繁多，外泌體作為液體活檢在消化系統上有許多優勢。研究發現，miR-21 在食道癌、肝癌、喉癌、結腸癌等多種癌症均高表達，可作為診斷良性或惡性腫瘤的參考。外泌體中的蛋白質，在肝臟疾病的診斷上也扮演重要角色，如血清外泌體中 CD81 在慢性 C 型肝炎患者中表達升高，並且其與炎症纖維化的嚴重程度相關，顯示外泌體 CD81 可能是 C 型肝炎診斷的潛在蛋白標記物。

► **泌尿系統疾病**

在腎臟疾病的診斷上，尿液中的外泌體意義重大。研究發現，尿液外泌體中的胎球蛋白 –A，在齧齒類動物的腎毒性暴露後幾個小時內就升高了五十倍，且急性腎損傷患者體內的胎球蛋白 –A，在檢測腎功能是否異常前就明顯升高，證明尿液外泌體的蛋白圖譜分析，可能具有相當重要的診斷作用。

► **神經系統疾病**

已有多項研究顯示，外泌體對於阿茲海默症、帕金森氏症、腦中風等神經系統疾病具有診斷與治療的功用，因為不僅腦細胞可以釋放外泌體，外泌體也可以穿越血腦屏障，反映出神經系統的狀態。研究發現，miR-9、miR-124、miR-223 等可診斷腦中風，與評估缺損性的腦損傷程度，具有前景的生物標記物。根據一項臨床前研究報告指出，血液中外泌體的 Aβ1-42、p-Tau 181 與 p-Tau 396 可作為阿茲海默症疾病進程的生物標記，而且隨著阿茲海默症病患從無症狀到確診，Aβ1-42 會逐漸升高，因此可作為疾病進展或治療效果的生物標記。

臨床應用前景

由於外泌體具有特殊的生物學特性，內含蛋白質、脂質，以及調控細胞的 DNA、RNA 等訊息因子，能從細胞外分離出來，並透過液體生物檢體進行分析，因此可應用於多種疾病的早期診斷，偵測速度甚至比光學影像、傳統組織切片還來得即時，並且在檢測的穩定性、靈敏度與特異性都具有優勢，讓外泌體繼 CTC、ctDNA 之後，成為液體活檢領域的新生力軍。

報導指出，全球已有不少公司正在開發外泌體檢測工具、治療方法或藥物載體等產品，相信未來除了應用於癌症之外，還可望應用於免疫學、心血管疾病、傳染病、中樞神經系統疾病等的許多臨床領域。

疾病診斷的臨床意義

臨床疾病	臨床意義
腫瘤疾病	促進腫瘤發生，控制病灶轉移與腫瘤免疫反應 miRNAs 可作為腫瘤的生物標記 作為抗腫瘤藥物載體
心血管疾病	對心肌重塑、血管形成等具病理作用 miRNAs 可作為評估心血管疾病的生物標記 作為心血管傳遞系統或載體
消化系統疾病	外泌體可直接作用於消化系統靶細胞 可作為消化系統疾病診斷與預後的生物標記
泌尿系統疾病	尿液外泌體可作為靶向治療載體 尿液外泌體可作為腎臟疾病的潛在生物標記
神經系統疾病	作為傳遞神經系統疾病相關蛋白的載體 作為神經細胞狀態評估的生物標記

工業外泌體　　　9

工業外泌體的生產方式

外泌體在疾病診斷與藥物載體的應用上具有廣闊的前景，但是要用於臨床治療，需要大規模生產外泌體。目前的天然細胞的提取方法產量低且無法擴展，阻礙了臨床前動物試驗的研究。有專家提出，大量生產工業外泌體的方法，有助於外泌體技術向臨床應用轉化。

3D 細胞培養結合切向流過濾

無論臨床前研究和臨床開發都須要大量的外泌體，以臨床前的動物研究來說，每隻小鼠須使用 10^9-10^{11} 顆外泌體劑量（外泌體劑量方式會以數量做單位計算）。換句話說，一隻老鼠使用的外泌體，必須從一公升的細胞培養液做提取。想要順利供應臨床前動物試驗，可能得花好幾個月的時間來收集外泌體，而且研究上最常用的超速離心法（Ultracentrifugation, UC），操作上也很繁複，通常必須重複四到五次的離心步驟，否則無法達到擴展外泌體產量的須求。

為了解決外泌體生產的可擴展方法，來自麻省大學醫學院的研究人員在《分子治療》（*Molecular Therapy*）期刊上，提出結合 3D 細胞培養技術，以及切向流過濾法（Tangential Flow Filtration, TFF）兩者的優勢，開發出大規模生產間充質幹細胞外泌體的方法。他們將臍帶來源的間充質幹細胞，以 3D 細胞培養結合傳統差速離心法，結果發現，外泌體產量比 2D 細胞培養多二十倍。接著，研究人員進一步將 3D 間充質幹細胞培養物，結合切向流過濾法，外泌體產量是差速離心法的七倍。這意謂著，

3D 細胞培養結合 TFF，可將外泌體的產量提高一百四十倍。

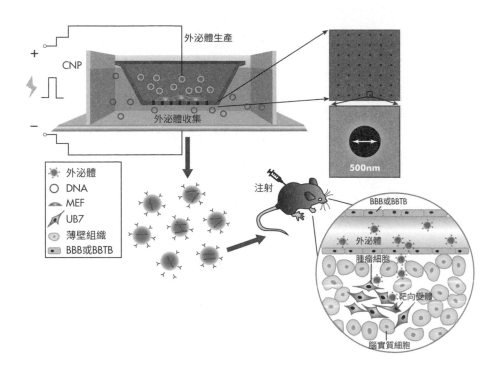

與 GMP 相容的生產方式

　　外泌體作為治療遞送載體的開發，需要與 GMP 相容的生產和純化方法。3D 細胞培養系統、無異種來源（Xeno Free, XF）培養基和 TFF 適用於 GMP 級生物製劑。研究證明，3D 細胞培養結合 TFF 的外泌體產量，明顯高於 2D 細胞培養與 UC 提取方式，分析 UC 與 TFF 從 2D 和 3D 細胞培養物中分離的外泌體，具有相似的大小分布和蛋白質含量，但 3D −TFF− 外泌體，在向原代神經元（Primary Neurons）遞送治療性小

干擾 RNA（siRNA）的能力上，具有七倍的活性，同時在誘導訊息 RNA（mRNA）沉默方面更有效。另外，3D –TFF– 外泌體製劑中的蛋白質與囊泡比例，也比 2D-UC– 外泌體來得高。

在大規模臨床動物研究上，這樣的生產方式也提供了支援。由於臍帶是幹細胞豐富的來源，一條人的臍帶可以產生一千萬個間充質幹細胞，傳到第六代，使用 3D 細胞培養與 TFF，可生產 6×10^{13} 個外泌體，以每隻小鼠使用的外泌體劑量 10^9-10^{11} 來計算，等於可供治療 600-60000 隻小鼠。

研究認為，雖然這項方法採用臍帶來源的間充質幹細胞，但細胞培養和外泌體提取方法，應該適用於其他細胞來源，可根據已發表的小規模外泌體分離方法的建議，詳細制定大規模外泌體生產的品質控制步驟，有助於外泌體技術在臨床治療上的應用。

如何提高外泌體產量？

外泌體在基因治療上有著巨大潛力，但是天然的外泌體產量稀少、核酸包載量低，靶向修飾難度大等缺點，限制了它們在治療領域的發展。近年有不少研究提出改良方法，透過細胞奈米穿孔法、仿生外泌體奈米囊泡開發、EXOtic 裝置，來提高工業外泌體的產量，並提升 mRNA 的載藥量，可望成為基因治療的新手段。

細胞奈米穿孔法，提高產量與 mRNA 載藥量

權威期刊《自然》（*Nature*）曾在二〇一七年報導外泌體在胰臟癌的靶向治療作用，但是僅有特定種類的細胞能夠分泌外泌體，而且在產量與核酸包載率上也有侷限。因此，俄亥俄州立大學化學與生物工程學院的研究人員，二〇一九年在《自然生物醫學工程》（*Nature Biomedical Engineering*）中發明一種新的細胞奈米穿孔（Cell Nanoporation, CNP）生物晶片，不僅可提高外泌體產量，也提升了 mRNA 的載藥量。

操作方式是使用小鼠胚胎成纖維細胞或樹突細胞，在密布直徑 500nm 奈米孔道的晶片上進行培養，將整個裝置孵育在目標質粒 DNA 的緩衝液中，給予定向電流後，細胞膜受到損傷，將帶負電的核酸質粒順著電勢差從奈米孔道中進入細胞內，細胞開始修復並將目標質粒轉錄為 mRNA，同時大量分泌外泌體。

研究發現，在電穿孔八小時後，外泌體分泌達到高峰，並可持續二十四小時以上，與傳統的電穿孔技術相比，CNP 大大提高了外泌體產

量，並將內含 mRNA 的載藥量提高一千倍。

CNP 法生產負載目標 mRNA 的外泌體

對於 CNP 誘導外泌體分泌的機制，研究者認為，與奈米電穿孔導致的細胞外 Ca^{2+} 內流有關，因為鈣離子螯合劑 EGTA 能夠減少外泌體的釋放。同時也觀察到，奈米電流通道附近溫度升高，熱休克蛋白反應啟動了 p53-TSAP 訊號通路，導致外泌體產量增加。

這項細胞奈米穿孔法，顛覆傳統先純化、後載藥的外泌體製備方法，利用奈米電穿孔巧妙將兩步驟合而為一，大規模生產出包裹功能性 mRNA 的外泌體，而且具有高靶向、低毒性的優點，進一步支持了治療性外泌體的轉化潛力。

仿生外泌體奈米囊泡開發，提高一百倍產量

外泌體是一種可以在細胞之間傳遞生物訊息的內源性奈米載體，近年來成為藥物載體的明日之星，但是細胞分泌的外泌體產量有限，阻礙了它在治療藥物上的發展。來自韓國浦項工科大學的研究人員與外泌體大師 Jan Lötvall，共同開發出一種生產類似外泌體奈米囊泡（Exosome-mimetic Nanovesicles）的方法，產量比外泌體高出一百倍，並且成功將該方法生產的奈米囊泡用作 RNAi 的載體。

操作方式是透過奈米尺寸的篩檢程式，對細胞進行連續的擠壓，並通過單核細胞或巨噬細胞的分解而產生。研究發現，這些細胞衍生的奈米囊泡與外泌體具有相似的特性，但產量高出一百倍，而且這些加工產出的奈米囊泡，可作為新型的外泌體模擬物，有效的提供化療藥物來治療惡性腫瘤。

二〇一九年，在國際頂尖雜誌《生物材料》（*Biomaterials*）上則進一步印證了，這些仿生外泌體奈米囊泡可以作為有效的 siRNA 傳遞系統。首先，透過電穿孔，將針對綠色螢光蛋白（Green Fluorescent Protein, GFP）的 siRNA 載入到奈米囊泡。其次，使用致癌基因 c-Myc 在細胞內過表達 shRNA，以產生攜帶 siRNA 的奈米囊泡。研究發現，無論是外源性引入，還是內源性產生，這兩種方式都能有效載入 siRNA，被受體細胞吸收，導致靶基因表達減弱。

EXOtic 高效生產定製化外泌體，治療帕金森氏症

瑞士巴塞爾大學的研究團隊在《自然–通訊》（*Nature Communications*）期刊上，發表了可高效生產工業外泌體的方法。他們開發出一套 EXOtic 裝置（EXOsomal Transfer Into Cells），原理是利用分子生物技術，建構一個包含促進外泌體分泌，特異性 mRNA 包裝，以及靶向運送的裝置，可在改造的哺乳動物細胞中，高效生產定制化的外泌體，有效治療帕金森氏症。

首先，研究人員在 HEK-293T 細胞中進行篩選，找到了增強外泌體產生的基因，操作上是透過螢光素酶（Nanoluc, Nluc），一種小而有效的生物發光報告基因，融合到 CD63 的 C 端，來製備報告系統。該報告基因與編碼外泌體產生增強候選物的質粒共轉染（Plasmid Cotransfection），逐步離心去除掩蔽訊號後測量細胞培養上清液中的發光。研究人員鑑定出金屬還原酶（Steap3），參與外泌體生物合成、多配體蛋白聚糖（Syndecan-4, SDC4），促進多泡體生成、NadB 調節三羧酸循環（Tricarboxylic Acid Cycle, TCA）促進細胞代謝，可作為潛在的合成外泌體生產促進劑。這些基因的聯合表達，顯著增加了外泌體的產量，確保轉染細胞以固定比例接受所有增強基因的三順反子質粒載體（pDB60，

外泌體生產增強劑），使上清液中的發光信號增加了十五到四十倍，有效的增強外泌體的產生。

　　建立了高效穩定的外泌體生產方式，接下來研究人員開發了一種 RNA 包裝裝置（CD63-L7Ae），和一種胞質運送輔助物（Cx43 S368A），可將工業外泌體的 mRNA，送到目標細胞的胞質中，這套系統命名為「EXOtic 裝置」。之後對活體小鼠皮下，注射了客制化生產的外泌體。實驗證明，細胞植入物可通過外泌體，向大腦內傳遞過氧化氫酶 mRNA，減輕帕金森氏症的神經炎症，表示可透過 EXOtic 裝置傳遞外泌體 mRNA，達到治療帕金森氏症的效果。

　　以上這些研究，說明了外泌體可透過基因工程與化學方法進行改造，成為可大量生產的工業外泌體，不僅解決了外泌體產量的天然限制，也提高了核酸的包載量與靶向性，對於外泌體未來用於治療劑製備生產，與臨床的標靶治療，都更有助益。

外泌體
市場發展情況

10

外泌體市場發展驅動因素

由於全球老化人口攀升，癌症、自身免疫性疾病和其他慢性疾病的患病率大幅成長，使得外泌體治療市場成為全球醫藥生技產業的焦點。儘管外泌體的多項臨床應用仍在研究階段，尚未普及於正規醫療的疾病檢測上，但無論學界或業界，均一致看好外泌體的潛力，相關領域的研究人員努力開發一套更簡便、整合式的外泌體臨床應用技術。

外泌體的發展可包含診斷、治療和科學研究等三個應用層面領域，預估整體外泌體市場將由二〇一六年的一六一〇萬美元，增加至二〇二一年的一億一千兩百萬美元，年複合成長率達到 47.3％。疾病診斷應用為外泌體整體市場的主要成長領域，預估占整體市場的六成以上。而在治療疾病應用仍屬研究階段，需要更多的基礎研究支持才有機會更廣泛的應用。雖然目前仍存在許多未知數與挑戰，但外泌體在疾病檢測及治療上的應用潛力，持續受到許多科學家的重視，在臨床上的應用及市場商機仍值得期待。

外泌體在臺灣的發展

近年來的研究發現，幹細胞具有再生、分化成各種細胞器官細胞的能力，於是以幹細胞為基礎的再生醫學蔚為熱門學科。行政院衛福部已於二〇一九年九月通過「特定醫療技術檢查檢驗醫療儀器施行或使用管理辦法修正條文」後，臺灣再生醫療正式進入細胞治療產品的研發，臨床應用及實際用於診療病患的里程碑。

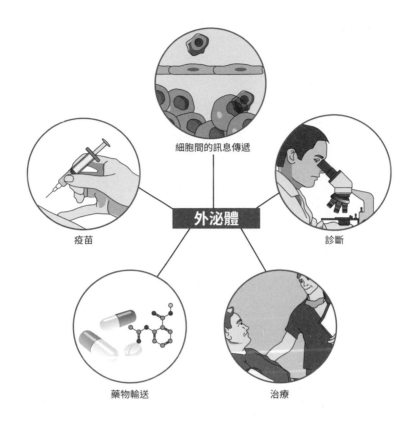

細胞間的訊息傳遞

外泌體

疫苗

診斷

藥物輸送

治療

　　國家衛生研究院細胞與系統醫學研究所團隊歷經七年研究，利用特殊技術刺激間質幹細胞，分離出「幹細胞外泌體」（Stem Cell-derived Exosomes），從中找出促使腦神經再生及腦部功能恢復的活性物質。這種外泌體具有修復不正常缺失細胞功能，比間質幹細胞促進組織再生的能力更強，也免去細胞植入手術帶來的術後風險及副作用，成為再生醫療領域的生力軍。

　　國家衛生研究院進一步將這種外泌體用於動物實驗中，發現注射於大腦受損的小鼠，一週後，受損的神經細胞會長出突觸；一個月後，神經細胞數量可恢復到原有的六成。小鼠在認知、學習和記憶功能上均獲得改善，未來可應用於學習障礙、帕金森氏症、心肌梗塞等疾病的復健上。

外泌體的市場規模

外泌體的相關應用包含診斷、治療和科學研究等三個層面，其中診斷應用為主要成長驅動領域，約占市場規模的六成以上，預計未來數十年市場營收將呈倍數增長。

雖然在外泌體臨床疾病應用上，還有不少未知數與挑戰有待探索與克服，但在疾病檢測及治療上擁有的潛力備受各界重視。除了研究人員的努力，各種研究組織提供的研究資助也不斷增加。

二〇一六年，美國在外泌體市場占有率最高，這主要歸因於美國相關機構提供的大量資金。例如，二〇一三年八月，美國國立衛生研究院宣布為二十四個以細胞外泌體為研究主題的項目，撥款一千七百萬美元的資金。

二〇一七年三月，斯隆凱特琳癌症紀念中心和威爾康奈爾醫學中心的研究人員藉由分離腫瘤外泌體技術，以探討兒童癌症發生的原因，這些外在有利條件，有助於推動未來的市場，讓醫學界看到市場的榮景。

由於中國和印度等新興經濟體具有高度發展的實力，亞太地區被看好成為外泌體臨床疾病應用成長最快的地區。在各國政府的持續支持下，對該領域的研發人員提供更具競爭力的援助，促使亞太市場增長潛力無窮。

外泌體的市場趨勢

最近幾年，外泌體相關技術迅速發展，並結合液體活檢、精密醫學和再生醫學等領域，在市場有明顯增長，特別是癌症細胞分泌的外泌體，透過控制血管生成，轉移和免疫影響細胞浸潤，因此被醫界用作檢測、診斷和治療癌症的生物標記物之一。

近期內湧入市場的新創公司及新平臺，透過先進技術的開發，能夠檢測細胞外泌體低濃度的膜蛋白，即使在複雜的血漿蛋白背景下，同樣也可以進行這種檢測，進一步推動市場的成長。另外，開發有效分離外泌體囊泡的方法，以及針對外泌體在不同功能中的參與和途徑進行研究，也是目前業界熱烈開發的領域之一。

雖然目前在外泌體的臨床疾病應用中，仍存在不少未知數與挑戰，但在疾病檢測及治療上的潛力備受重視，未來市場遠景也讓醫學界寄予厚望。外泌體參與不同功能及多種途徑的可用性，進一步推動該領域的研究，透過開發有效分離外泌體囊泡的方法，可藉此業務產生收入。

目前全球外泌體市場上的主要參與者包括富士軟片、賽默飛世爾科技有限公司、馬爾文儀器有限公司、美國天怡生物科技和 MBL 國際公司等，新入這個行業的公司仍以倍數增加中。它們致力於建立生產設施，開發特定的外泌體細胞項目，並獲得更大的市場占有率，在專利申請和新產品的推出方面也出現激烈競爭。

外泌體的市場潛力

外泌體的快速分離及訊號分子分析等技術尚不成熟。近年來，研究人員開發出超濾膜過濾（Ultrafiltration Membrane Filtration）、聚乙二醇（PEG）沉澱、免疫磁珠純化及微流道純化裝置等新技術，雖然比超速離心機省時省力，但效果並不如預期，因此超速離心機即使有耗時費力且回收率不高的缺點，但因相關的儀器和試劑易於取得，目前仍是科學研究上最常用的外泌體純化方法。

下游加工對先進技術和儀器的需求不斷增加，因此下游分析的重要性與日俱增。由於流程中使用率較高，流式細胞術（FCM）在收入方面占市場主導地位，用於細胞計數法的巧妙解決方案，則有助於市場的增

長。由於新的核酸次世代定序（Next Generation Sequencing, NGS）技術分析的平臺數量增加，使用 NGS 和 PCR 的 RNA 分析，預計將在未來幾年帶來大幅度的利潤成長。

外泌體不僅用作攜帶藥物的方法，也是非侵入性的生物標記物，尤其對癌症的作用愈來愈大，使得癌症研究在整個外泌體市場中占有主要地位。透過鑑定癌症生物標記物，外泌體對腫瘤的發生，化療耐藥性和新型癌症治療方法上的貢獻，也是促進相關市場成長的原因。

全球外泌體發展情況

　　看好外泌體成為未來醫療生技產業的希望，全球各國眾多公司無不投入大批人力與資金，開發功能不同的外泌體產品，目前除了歐美外，包括：墨西哥、土耳其、香港、澳大利亞、韓國、阿根廷、哥倫比亞、秘魯、智利、厄瓜多爾、委內瑞拉、巴拿馬、中國、以色列等，皆有外泌體公司企業研發相關產品，形成龐大商機。

　　由於各家企業專長不同，現階段外泌體市場可區分為天然外泌體和混合外泌體；在治療的基礎上，分為免疫治療、基因治療和化療；依據運輸能力，可分為生物大分子和小分子；根據應用領域，可細分為腫瘤學、神經病學、代謝紊亂、心臟疾病、血液疾病、炎症性疾病、婦科疾病、器官移植等；根據用戶可細分為醫院、診斷中心和研究與學術機構等，可說是蓬勃發展，百家爭鳴。

預處理
缺氧、炎症誘導、氧化應激等

細胞培養
（間充質幹細胞）

細胞外囊泡
分離

藥理應用

蒐集
血液
腦脊液
尿液
唾液

細胞外囊泡
分離

藥理應用

裝載藥物的外泌體

細胞外囊泡
分離

細胞操作
（生物工程）

細胞培養

診斷

診斷
生物標記物分析
（基因組、蛋白組學、代謝物組學）

Exosome Diagnostics

　　二〇〇八年成立於美國紐約的 Exosome Diagnostics，是第一家開發主力放在外泌體產業的公司，兩位創始人之一的 James R. McCullough，一九九五年自在哥倫比亞大學商學院拿到工商管理碩士學位，曾任職 AusAm Biotechnologies 生技公司的 CEO，使得他獨具慧眼看準外泌體將是未來醫療主流，投入這項前端生技產業。

二〇一六年，Exosome 推出全球第一個外泌體檢驗產品 ExoDxLung（ALK），可用於檢測非小細胞型肺癌患者的 EML4-ALK 突變。此產品一舉打響 Exosome 的名號，讓該公司獲得六千萬美元融資用於開發相關液態生物檢體產品。緊接著，Exosome 又在二〇一七年完成了三千萬美元的融資。目前該公司握有二百項專利，成為外泌體產業的領頭羊。

EvOx Therapeutics

二〇一六年，英國牛津大學開發出一種名為 EvOx 的外泌體治療產品，它是利用人體細胞自身精準通訊系統，將藥物傳遞到身體的特定部分，以治療目前棘手疾病，包括：腦部疾病、自身免疫系統疾病與癌症。EvOx 不僅獲得牛津科學創新（Oxford Sciences Innovation）一千萬歐元的資金資助，支持早期臨床試驗的技術；二〇一八年，著名投資公司 Google Ventures（GV）也對 Evox Therapeutics 進行四千五百四十萬美元巨額投資，主力放在藥物載體市場。

二〇一七年十二月，EvOx 與勃林格殷格翰公司合作開發基因遞送藥物，以外泌體治療尼曼匹克氏病（Niemann-Pick）和杜興氏肌營養不良症（Duchenne Muscular Dystrophy, DMD）。

Capricor Therapeutics

成立於二〇〇五年，總部位於加州比佛利山莊的 Capricor Therapeutics 是一家生物科技公司，專注於心血管疾病的預防及治療，開發新型療法。二〇一六年，獲得美國國家衛生研究院四百二十萬美元和國防部二百四十萬美元的資金挹注，與席德西奈醫學中心（Cedars-Sinai Medical Center）的技術指導，跨足外泌體產業，推出心肌球源細胞產生

的外泌體，開發外泌體治療左心發育不全綜合症（Hypoplastic Left Heart Syndrome, HLHS），組織再生治療劑。

PureTech Health（PRTC）

　　PRTC 是位於美國波士頓的生物治療公司，主要業務為開發和商業化用於治療頑固性癌症，淋巴和胃腸道，中樞神經系統疾病以及炎性和免疫性疾病的藥物。二〇一八年，PRTC 與詹姆斯·格雷厄姆布朗癌症中心、路易斯維爾大學技術合作投入外泌體產業，並得到著名羅氏藥廠十億美元的資金，研發用於生物大分子和複雜小分子的新型牛奶外泌體口服生物製劑。

Codiak Biosciences

　　Codiak Biosciences 成立於二〇一五年，是一家臨床階段的生物製藥公司，專注於開發外泌體的療法。Codiak 利用外泌體的生物學作為天然細胞間轉移機制，開發專有的 engEx 平臺，以設計和製造新型外泌體治療候選藥物。Codiak 成立之初即募集高達一點六八五億美元的資金，二〇一九年獲得爵士製藥公司十億美元的投資，合作開發外泌體相關產品。

　　二〇二一年，Codiak 在《分子治療雜誌》上發表研究指出，該公司專有的 engEx 平臺已開發兩款新型外泌體相關蛋白，確定外泌體相關蛋白 PTGFRN 和 BASP1 為豐富的天然蛋白質。在臨床前研究中，PTGFRN 和 BASP1 用於在外泌體的表面或內部生物活性分子，可均勻摻入並增加治療用途的效力，進一步擴大分子方法在工程外泌體中的效用。目前，Codiak 致力研發外泌體靶向遞送 exoSting 與 exoIL-12，是第一個在人類進行評估的工程外泌體，臨床安全性和有效性將在二〇二一年公開成果。

ExoCoBio

二〇一七年，ExoCoBio 在韓國成立，成立後的四個月內，已募集到一千一百萬美元的資金，二〇一八年再募集到兩千六百七十萬美元，使得該公司成為韓國規模最大、速度最快的招商投資項目。ExoCoBio 主力放在開發幹細胞外泌體的皮膚和組織再生的藥用化妝品和生物藥物，目前已推出自有品牌外泌體的產品，例如：EXOMAGETM、CelltweetTM 和 ASCE+TM。

Creative Medical Technology Holdings（CMTH）

CMTH 成立於一九九八年，總部設於美國鳳凰城，該公司跨足外泌體產業即交出一張亮眼成績單。二〇一六年，CMTH 對外宣布他們從羊水衍生的幹細胞外泌體，研發出治療腦中風的產品「AmnioStem」，利用從羊膜穿刺取出羊水檢體，蒐集胚胎幹細胞，再利用特殊培養條件產生外泌體，以修復中風後的受損腦組織，使它進行再生。該公司強調，AmnioStem 是源自幹細胞的產品，而不是幹細胞本身，克服幹細胞給藥的許多障礙，為幹細胞的治療新選擇。

Aegle Therapeutics

Aegle 在二〇一五年於以色列成立，該公司創始人 Evangelos Badiavas 博士及研究團隊，長期研究間充質幹細胞（MSC）在嚴重皮膚病與燒燙傷中的臨床應用。實驗證明，經過 MSC 外泌體的治療，患者傷口完全閉合，組織再生且未留下疤痕。且從同種異體骨髓來源的 MSC 中分離的外泌體作為治療方法，可以局部給藥，也可以局部注射給藥，

比起幹細胞，產量與穩定性皆高，成本低，二〇一八年已獲得美國 FDA 核准進行人體試驗。這是外泌體首次被核准進行人體試驗。二〇二〇年，FDA 核準採用此法進行治療嚴重皮膚病—失養型表皮分解性水泡症（Dystrophic Epidermolysis Bullosa, DEB）。

　　除了上述的領導品牌外，另外有多家生技公包括：Beckman Coulter、Exiqon、System Biosciences（SBI）、Lonza、Thermo Fisher、Qiagen、ZenBio、Anjarium Biosciences、Everkine Corporation、Exogenus Therapeutics、Kimera Labs、HansaBioMed、NonosomiX、Biocept、Theragnostex、Aethlon Medical、The Cell Factory、Regeneus、Tavec Pharmaceuticals、VivaZome Therapeutics 等，也都投入外泌體研發的產品市場，可見外泌體受到醫療業者與投資業者的青睞，顯示它的前景大為看好。

二〇三〇年，市場規模將達二十二億八千萬美元

　　目前外泌體研究產品市場可分為學術研究機構、醫院和臨床檢測實驗室，以及製藥和生物技術公司，尤其製藥和生物技術公司將大幅度成長，主要歸功於投資公司看好外泌體的診斷以開發新疾病研究的龐大商機。基於癌症應用，外泌體研究產品市場被分為肺癌、前列腺癌、乳腺癌、結腸直腸癌和其他癌症。二〇一八年，肺癌占癌症應用外泌體市場的最大金額，高速成長主要原因為人類肺癌患病率增加，液體活檢儀器和檢測技術進步，以及對先進診斷技術的需求不斷增長等因素。

　　二〇一八年，北美是外泌體研究產品市場的最大區域，預計北美市場將在預測期內，以最高複合年成長率增長，因素包括：生命科學研究的政府資金可用性，有利的監管環境，對研究和診斷的外泌體愈來愈多的關注，以及臨床和實驗室研究的高質量基礎設施的存在等因素，刺激北美外

泌體市場的增長。

世界著名市場調查公司 BCC Research 的報告指出，全球外泌體產業，預計 二○一八年達兩千五百萬美金，二○二三年到一億八千萬美元，並以 48.4％的年複合成長率成長，到二○三○年將達到二十二億八千萬美元的市場規模。未來外泌體的生物學機制為目前學術研究重點，而診斷、治療或當作藥物載體，則是成為產業界開發的重點方向。許多科學家認為，將有更多以外泌體主的疾病診斷技術或標靶治療產品誕生，這對未來醫療和生技產業無疑是項大利多，也是病患的福音。

自人體嗅鞘細胞分離細胞外泌體增強神經幹細胞的生存能力

作者：Yuan-Kun Tu & Yu-Huan Hsueh

高雄市義大醫院／義守大學骨科部

摘要

目的：後天神經系統疾病，例如嚴重的腦外傷或脊髓損傷（Spinal Cord Injury, SCI）導致不可挽回的殘疾。嗅鞘細胞（Olfactory Ensheathing Cell, OEC）移植是有希望的脊髓損傷治療方法。細胞外泌體（Extracellular Vesicles, EVs），其功能在調節細胞間相互作用，最近引起了廣泛的研究興趣，並成為非細胞的神經系統疾病的療法，包括脊髓損傷動物模型。但是，尚無有關於人類嗅鞘細胞分離細胞外泌體對神經元再生有益作用的報導。這裡，我們研究了從人嗅鞘細胞中分離出的外泌體對神經元細胞活力的影響。

方法：利用連續超速離心從人類原代嗅鞘細胞中分離出外泌體，其特徵是通過透射電子顯微鏡，蛋白質印跡和納米粒子跟踪分析。將神經幹細胞（Neural Progenitorcells, NPC）暴露於人類原代嗅鞘細胞中分離出的外泌體後，利用細胞活力測定（CCK8）和乳酸脫氫酶（LDH）評估神經幹細胞的細胞增生和細胞毒性。在神經幹細胞中，叔丁基過氧化氫（t-BHP）用於模擬氧化誘導的細胞毒性。

結果：人類原代嗅鞘細胞的直徑為 113.2 nm。外泌體標記的表達通過蛋白質印跡檢測到 CD9、CD63 和 CD81 等。從人類原代嗅鞘細胞中分離出的外泌體會增強神經幹細胞增生能力與改善細胞毒性。

討論：我們的發現顯示從原代嗅鞘細胞中分離出的外泌體，會增強神經幹細胞增生和氧化誘導的神經元毒性。這些結果有助於開發原代嗅鞘細胞中分離出的外泌體用於治療後天神經系統疾病。

簡介

嗅鞘細胞（Olfactory Ensheathing Cell, OEC）是一種獨特的類型存在於嗅覺固有層中的膠質細胞黏膜，嗅球的外層，以及神經纖維的內層和外層 [1,2]。嗅鞘細胞引起非髓鞘性原發性嗅軸突並通過遷移和增強神經再生，進而促進嗅覺感覺軸突延伸鼻上皮朝向嗅球 [3,4]。這些細胞維持連續的軸突延伸和嗅覺受體的成功地形定位神經元。研究結果指出，嗅鞘細胞通過刺激軸突支持神經再生髓鞘形成 [5]，分泌重要的生存因子用於再生的軸突，例如神經營養的因子 [6-8] 和細胞外基質（Extracellular Matrix, ECM）分子 [9-11]，並調節細胞吞噬作用 [12] 和神經發炎 [13]。因此，這些細胞在神經發生和神經再生中起關鍵作用，這是哺乳動物的特殊特徵嗅覺系統。由於其獨特的特性和自體來源，嗅鞘細胞的移植已經成為一種替代性的潛在療法修復中樞神經系統（Central Nervous System, CNS）損傷，尤其是脊髓損傷 [14]。

脊髓損傷（Spinal Cord Injury, SCI）是嚴重的神經系統疾病會導致中樞神經系統損害，破壞神經元電路以及大腦和大腦之間的信號 [15]。脊髓損傷不僅直接導致運動和感覺障礙，也會引起泌尿道、胃腸道和性功能障礙。如果胸廓和頸椎脊髓損傷較高，會導致呼吸系統異常與心血管疾病等

併發症（如：心律不齊，異位搏動）[16]。慢性脊髓損傷併發症包括壓迫傷口、骨質疏鬆症，以及泌尿和腸管失去調控 [17]。脊髓創傷會導致壞死與凋亡的神經元發生細胞死亡 [18]。與嗅覺細胞相反，嗅覺可以被神經幹細胞補充的神經元 [19]，而脊髓的再生能力有限。脊髓損傷的常見治療方法包括藥物支持治療（糖皮質激素藥物）[20]，早期手術 [21]，以及術後康復。然而，這些療法恢復到令人滿意的功能卻很少。最近，細胞移植已經被證明可恢復神經功能 [22,23]。多項研究結果指出，幹細胞移植對神經保護與組織修復的作用主要與旁分泌機制以及從移植的細胞中釋放的細胞外泌體有關 [24,25]。

細胞外泌體（Extracellular Vesicles, EVs）是內體中最小的膜結合的囊泡，會釋放到細胞外 [26]。這些小囊泡會攜帶脂質、蛋白質和 RNA 其各種功能生物型（mRNA 和 miRNAs）參與細胞間通訊，例如神經元 - 神經膠質之間相互作用 [27,28]。最近，自然與人工的外泌體被用於藥物輸送 [29,30]。外泌體的優點，例如免疫原性低，在人體內半衰期長，並且能夠穿越血腦屏障，顯示具有治療的潛力 [31]。最近，許多體外與體內研究結果指出，源自幹細胞的外泌體可以修復神經腦外傷 [32,33] 和脊髓損傷 [34,35]。在中風小鼠動物實驗中，源自星形膠質細胞的外泌體可以緩解神經元損傷 [36]。動物坐骨神經擠壓模型中，許旺細胞衍生的胞外體會增強軸突再生 [37]。在這些神經系統疾病中，外泌體的修復能力與調節神經炎症，調節自噬作用，血管生成以及減少細胞凋亡有關。

已知嗅鞘細胞移植可以有效治療脊髓損傷治療，作用在改善神經功能和恢復創傷性脊髓損傷，但是源自人類原代嗅鞘細胞中分離出的外泌體對神經元的影響尚不清楚。最近，從大鼠嗅鞘細胞中分離出的外泌體細胞可以增強大鼠的軸突生長，背根神經節和促進周圍神經再生 [38]。然而，人類原代嗅鞘細胞中分離出的外泌體對神經發生或神經元再生的影響尚不清楚。因此，進行了這項初步研究，探討源自人類原代嗅鞘細胞中分離出

的外泌體在神經元生長和神經元損傷中扮演的角色。

結果

►人類嗅鞘細胞培養

　　我們從嗅粘膜中分離出人類嗅鞘細胞，如前所述 [39,40]。初期培養的嗅鞘細胞（圖 1a，上圖）。培養 3-4 週後，單顆嗅鞘細胞具有長紡錘形的形態（圖 1a，下圖）。為了確認培養的細胞是典型的嗅鞘細胞，我們使用流式細胞分析儀分析，包括：S100β、SOX10、Vimentin 和 GFAP。結果顯示，將近 100% 的細胞會表現 S100β（99.9%），Vimentin（99.6%）和 GFAP（95.3%）（圖 1b）。免疫細胞化學分析顯示，細胞會高表現 S100β 和 GFAP 蛋白如圖 1c。根據這些結果顯示，已經成功培養出功能性的嗅鞘細胞。

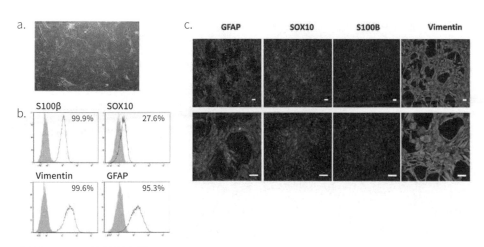

⬆ **圖 1、OEC 培養與表徵。**
　　a：培養第 3 天（上圖）和第 21 天（下圖）的 OEC 形態。b：流式細胞分析儀分析揭示了表達重要嗅鞘細胞標記；S100β、SOX10、Vimentin 和 GFAP。c：免疫細胞化學分析表明這些嗅鞘細胞標記的蛋白表現量。

►從人類嗅鞘細胞分離外泌體與表徵

　　進一步了解從人類嗅鞘細胞分離的外泌體是否會影響神經元生成。首先，我們從嗅鞘細胞培養液中利用超速離心機分離出外泌體 [24]。利用透射電子顯微鏡（TEM）顯示外泌體型態（圖 2a）。利用 NTA 確定外泌體的粒度大小（圖 2b）。NTA 譜圖顯示，顆粒均質大小為 113.2 nm。我們進一步利用蛋白質印跡分析確認外泌體的標記，例如 CD9、CD81 和 CD63（圖 2c）。

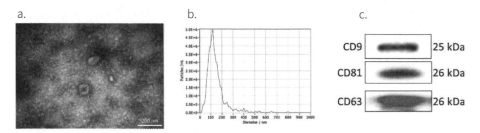

↑圖2、　人類嗅鞘細胞分離的外泌體及其表徵。
a：在透射電子顯微鏡下觀察到外泌體（比例尺 200 nm）。b：通過 NTA 分析來粒度大小。c：利用蛋白質印跡分析，顯示外泌體的標記，例如 CD9、CD81 和 CD63。

►源自人類嗅鞘細胞分離的外泌體會促進神經幹細胞（Neural Progenitor Cells, NPC）增生和分化

　　為了確定人類嗅鞘細胞分離的外泌體是否會促進細胞增生，我們利用 iPSC 衍生的神經幹細胞作為體外細胞實驗。由 iPSC 培養分化出神經幹細胞，方法如圖 3a 所示。分化的 NPC 細胞形態示於圖 3b。利用流式細胞分析儀分析 NPC 其 PAX6、NESTIN 和 SOX2 蛋白表現（圖 3c）。結果顯示；分化的 NPC 細胞高表達神經幹細胞的標記；PAX6（99.9%）、NESTIN（99.7%）和 SOX2（87%）。

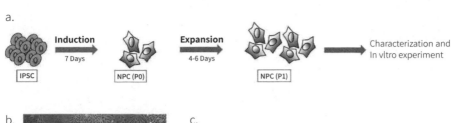

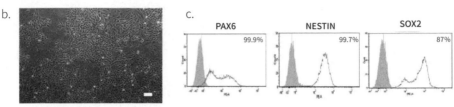

⬆ 圖 3、神經幹細胞培養及其表徵。

　　a：由 iPSC 培養分化與擴增為神經幹細胞（P1）。b：神經幹細胞的形態。c：
流式細胞儀分析表明，分化的神經幹細胞（P1）富含神經幹細胞的標記 PAX6、
NESTIN 和 SOX2。

　　　進一步確定人類嗅鞘細胞分離的外泌體是否會透過刺激神經元細胞
的增生進而促進神經元生成與成熟。我們將神經幹細胞（P1）細胞處理
hOEC-EV 人類嗅鞘細胞分離的外泌體，獲得兩種不同的克隆神經幹細胞
（iPSC-NPC-1 和 iPSC-NPC-2）。將神經幹細胞以細胞密度（2×10^4 細胞
／孔）種到 96 孔板中。利用細胞活力測定方法分析不同時間點的細胞數
目（24、48 和 74 小時）。結果顯示：細胞數目隨著時間增加而增加（圖
4a），在 72 小時，經人類嗅鞘細胞分離的外泌體處理的神經幹細胞其細
胞數目顯著高於對照（p <0.001）。這些結果顯示由人類嗅鞘細胞分離的
外泌體具有促進神經元細胞生成的能力。

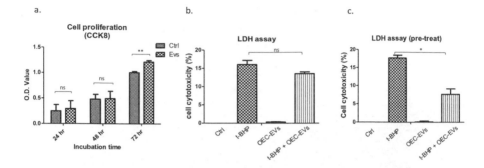

↑ 圖 4、源自人類嗅鞘細胞分離的外泌體促進神經幹細胞增生與改善細胞毒性。

a：由細胞活力測定方法測定神經幹細胞增生。對照組和人類嗅鞘細胞分離的外泌體暴露的神經幹細胞在 24 和 48 小時後的細胞數目無顯著差異。培養 72 小時後。觀察到顯著差異（**，p ＜ 0.001）。b：通過乳酸脫氫酶測定細胞的細胞毒性。神經幹細胞處理叔丁基過氧化氫後，細胞毒性最高；與人類嗅鞘細胞分離的外泌體處理叔丁基過氧化氫後的細胞毒性並無顯著差異。c：乳酸脫氫酶測定顯示，預先與人類嗅鞘細胞分離的外泌體處理後，顯著降低神經幹細胞的細胞毒性（*，p ＜0.01）。

▶源自人類嗅鞘細胞分離的外泌體可降低叔丁基過氧化氫誘導神經幹細胞的細胞毒性

　　已知氧化壓力和活性含氧種類在急性或慢性神經元損傷狀況下，會導致細胞死亡的重要原因。此外，氧化壓力被認為是會增強脊髓損傷疾病進展並阻礙恢復。因此，降低氧化壓力引起的神經元細胞死亡可能是另一個脊髓損傷治療策略 [41]。

　　因此，我們進一步確定源自人類嗅鞘細胞分離的外泌體是否可以改善神經幹細胞在氧化壓力下所引起的細胞毒性。以氧化劑－叔丁基過氧化氫處理神經幹細胞，神經幹細胞預先處理或沒有處理源自人類嗅鞘細胞分離的外泌體。最後利用酵素結合免疫吸附分析法（Enzyme-linked Immunosorbent Assay, ELISA）偵測受損傷細胞的乳酸脫氫酶含量。我們發現叔丁基過氧化氫處理的神經幹細胞其乳酸脫氫酶含量明顯增加。在源

自人類嗅鞘細胞分離的外泌體存在下，神經幹細胞的乳酸脫氫酶含量略低與沒有源自人類嗅鞘細胞分離的外泌體相比（$p > 0.05$，圖 4b）。

然後，我們觀察是否源自人類嗅鞘細胞分離的外泌體具有保護作用。神經幹細胞預先與源自人類嗅鞘細胞分離的外泌體培養 72 小時。結果表明預先與源自人類嗅鞘細胞分離的外泌體培養的神經幹細胞，其毒性顯著降低（$p < 0.01$）（圖 4c）。

討論

後天中樞神經系統疾病，例如缺血性中風和腦部或脊髓外傷會導致不可逆轉的身心損害。目前臨床治療方法無法有效再生神經功能。最近，細胞或幹細胞移植可有效的再生神經功能。但是，細胞移植的治療效率會因為免疫細胞排斥，或是細胞遷移到受損組織的能力降低而受到影響 [42]，包括移植細胞分泌的外泌體都被認為是促進組織修復相關信號傳遞，與改善細胞功能的關鍵因素 [43–48]。另外，以外泌體給藥可以避免細胞移植的局限性。已經有研究探討外泌體在神經元中組織修復的角色，可做為未來以外泌體治療的參考。

儘管幾種細胞類型已被用在脊髓損傷治療的移植中做為候選細胞，最有效的移植細胞是嗅鞘細胞。嗅鞘細胞容易培養並生長快。這些細胞會促進軸突再生、功能恢復 [49,50] 和髓鞘再生 [51，52]。但是，源自人類嗅鞘細胞分離的外泌體是否會促進神經修復或神經元生成尚不清楚。我們假設源自人類嗅鞘細胞分離的外泌體，可以治療脊髓損傷患者。這是第一個與源自人類嗅鞘細胞分離的外泌體和表徵的研究。在這項研究中，源自人類嗅鞘細胞分離的外泌體，其粒徑分布與從大鼠嗅鞘細胞分離的外泌體的粒徑分布相近 [38]。免疫印跡分析表明我們由人類嗅鞘細胞分離的外泌體其 CD63，CD81 具有高表現；而在大鼠嗅鞘細胞分離的外泌體，其

CD63 表現似乎較低 [38]。

研究指出，外泌體會促進細胞增殖 [53,54] 和神經元生成 [55-57]。大多數研究主要在源自間充質幹細胞（Mesenchymal Stem Cells, MSCs）的外泌體移植，源自間充質幹細胞是廣泛被使用的細胞類型。然而，培養間充質幹細胞比嗅鞘細胞的成本更高。因此，我們的目標是為開發源自源自人類嗅鞘細胞的外泌體的治療新平臺。本研究結果指出，源自人類嗅鞘細胞的外泌體可以促進由誘導性多功能幹細胞培養出的神經幹細胞的細胞增生，特別是培養 72 小時後；成熟神經元標記物，如 islet-1 和 MAP2 亦具有功能。雖然一個克隆（iPSC-NPC1）的蛋白質表現量與對照組，和暴露於源自人類嗅鞘細胞分離的外泌體之間並無明顯差異，但細胞數量明顯增加。此外，我們觀察到 iPSC-NPC2 的表達顯示出較高的 HB9 蛋白表現。HB9 是人類編碼的蛋白質運動神經元和胰腺同源盒 1。創傷性的脊髓損傷會嚴重破壞神經元迴路與運動功能 [58]。運動神經元很重要用於神經元疾病的功能恢復或退化。因此，我們假設在脊髓損傷，源自人類嗅鞘細胞分離的外泌體可能對有效恢復功能。我們未來的工作重點將放在體外或體內研究證明此假設。

腦或脊髓損傷不僅是機械損害神經組織，也會引發繼發性變化，例如氧化壓力，會導致延遲的神經細胞死亡和慢性神經系統疾病殘疾 [59,60]。在研究神經保護藥物作用時，已有幾項研究利用氧化劑誘導神經細胞毒性。本研究發現，神經幹細胞預先處理源自人類嗅鞘細胞的外泌體，可降低叔丁基過氧化氫引起的細胞毒性，顯示源自人類嗅鞘細胞的外泌體，具有保護神經幹細胞免於叔丁基過氧化氫引起的氧化損傷。這個結果暗示源自人類嗅鞘細胞的外泌體可能具有治療作用潛力，特別是用於減輕創傷性神經元損傷後的繼發性病理生理損傷。

在這項研究中，我們進行了體外實驗神經幹細胞，這是脊髓損傷細胞移植的選擇 [61,62]。這些報告表明，在脊髓損傷進行神經幹細胞移植

可以通過刺激軸突的髓鞘再生，來促進神經組織修復和功能恢復。嗅鞘細胞也被證明可以增強軸突髓鞘再生 [52]。我們的發現支持源自人類嗅鞘細胞的外泌體，可以增強神經幹細胞在移植中的功能。需要在誘導的脊髓損傷模型中進行源自人類嗅鞘細胞的外泌體施用的動物實驗，以闡明這些方法的治療潛力，外泌體（和叔丁基過氧化氫）的濃度可能影響源自人類嗅鞘細胞的外泌體的保護潛力，需要進一步研究以優化外泌體濃度。此外，嗅鞘細胞至少包含兩種亞型，尤其是星形膠質樣嗅鞘細胞和許旺細胞樣嗅鞘細胞 [63]。不同類型嗅鞘細胞的外泌體中可能攜帶不同的內容物，進而影響神經元的細胞反應。

　　總之，我們報告源自人類嗅鞘細胞的外泌體對神經元的影響。儘管已經有研究指出，大鼠嗅鞘細胞的外泌體具有治療受損的周圍神經的治療潛力，但這是與人類嗅鞘細胞的外泌體相關的第一個研究。人類嗅鞘細胞的外泌體可能更適用於人類神經元疾病的臨床應用。我們研究結果指出，神經幹細胞模型中，人類嗅鞘細胞的外泌體會通過增加細胞增生來促進神經元生成。此外，人類嗅鞘細胞的外泌體，改善了由叔丁基過氧化氫給藥誘導的細胞毒性，模擬了繼發性神經元組織損傷後的氧化壓力，還需要使用脊髓損傷的動物模型，加以驗證人類嗅鞘細胞的外泌體對神經系統疾病的治療效率。

材料與方法

▶細胞分析

　　人類嗅鞘細胞由內視鏡取得嗅覺粘膜組織。捐助者皆簽署同意書。人類嗅鞘細胞的培養方法如先前所述 [40]。簡要地，收集的組織首先放在冰磷酸鹽緩衝液中（Phosphate-buffered Saline, PBS）。為了從嗅粘膜中分離出嗅鞘細胞，組織以冷卻磷酸鹽緩衝液中清洗三次。在 Dispase II 溶液中於 37℃ 培育 20 分鐘。在顯微鏡下解剖固有層切成小塊，然後以 $250 \times g$

離心使組織沉澱。沉澱物放在 DMEM / F12 培養液和營養補品（MC Biotech，臺灣），並培養在 37℃培養箱含 5%二氧化碳。

▶流式細胞分析儀

通過 AccutaseTM（Stemcell Technologies, Inc.，加拿大溫哥華）收集細胞。細胞懸浮液以 300×g 離心 3 分鐘後倒出上清液。細胞沉澱物以 1X 磷酸鹽緩衝液進行細胞計數和稀釋。這細胞（$1×10^6$）添加到新試管中，固定並滲透的（用於細胞內染色）。之後與適當稀釋倍數之含螢光抗體在 4℃下放置 1 小時，以磷酸鹽緩衝液清洗三次，以去除多餘的抗體，並且通過流式細胞儀分析。

▶免疫細胞化學

將細胞（$2×10^4$）接種到 24 孔盤培養 24 小時。待細胞密度達到 80%之後，移除培養基，並以 PBS 洗滌，之後用 4%多聚甲醛固定 15 分鐘。以磷酸鹽緩衝液洗滌 3 次，在 0.1 % TritonX-100（目的在穿透細胞膜）在室溫下放置 15。以磷酸鹽緩衝液洗滌 3 次，用 5%的牛血清白蛋白封閉細胞（Sigma）1 小時。以磷酸鹽緩衝液洗滌後，細胞與一次抗體（稀釋於 1%牛血清白蛋白）在 4℃反應。第二天，以磷酸鹽緩衝液洗滌後，細胞與二次抗體反應 1 小時。使用 DAPI 標記細胞核，然後細胞在倒立式螢光顯微鏡觀察蛋白表現。

▶外泌體分離

利過超速離心機從人類嗅鞘細胞分離出外泌體。簡而言之，人類嗅鞘細胞的培養基移除，然後用磷酸鹽緩衝液洗滌兩次。細胞繼續以無血清培養基培養 2 天。條件收集培養基並以 2,000×g 離心在 4℃下，持續 30 分鐘以去除細胞碎片。將上清液移到新管中並以 10,000×g，持續 30 分鐘。

然後將上清液移到超速離心管中並離心以 100,000×g 在 4℃下，離心 70 分鐘，然後移除上清液。將外泌體顆粒重新懸浮於磷酸鹽緩衝液中之後以 100,000×g 在 4℃下離心 70 分鐘。外泌體重新懸浮於 PBS 中，通過透射電子顯微鏡（TEM）和納米粒子跟踪分析（NTA）或在進行蛋白質印跡分析確定表徵。用於細胞治療的 EV 細胞，立即使用或存儲在 4℃下放置不超過 1 週。

外泌體表徵

►透射電子顯微鏡（TEM）

利用透射電子顯微鏡對分離出的外泌體進行型態分析。簡而言之，分離出的外泌體以 2%多聚甲醛甲醛溶液固定 20 分鐘。外泌體以 1%（w/v）戊二醛固定 5 分鐘。對於對比成像，樣品為在 4%乙酸鈾酰中作用 5 分鐘，然後乾燥，最後以透射電子顯微鏡觀察。

►納米粒子跟踪分析（NTA）

利用 Scanning NTA ZetaView 進行 EV 顆粒濃度和粒度分布分析（Particle Metrix GmbH, Meerbusch，德國）。進行 EV 樣品 NTA 由臺灣 Unimed Ltd 提供。

►蛋白質印跡分析

從外泌體提取總蛋白，RIPA 裂解緩衝液（Invitrogen，卡爾斯巴德，加州，美國），將樣品離心在 13,000×g 下持續 5 分鐘。上清液轉移到新管中，蛋白質濃度用 BCA 試劑盒測量（BCA 蛋白分析，皮爾斯，沃爾瑟姆，馬薩諸塞州，美國）。取 30 微克蛋白質通過 SDS-PAGE 分離並轉移到聚偏二氟乙烯膜上，之後將膜置於 5%脫脂牛奶（含 0.1% TBST 溶液）

在室溫下放置 1 小時，膜在適當稀釋度的一次抗體在 4℃下中培養（抗體：CD81、CD9 和 CD63）輕輕搖晃過夜。膜是在 TBST 中洗滌，然後與二次抗體在室溫下反應 1 小時。增強型化學發光試劑用於檢測免疫反應條帶，按照製造商的說明說明（密理博，比勒里卡，馬薩諸塞州，美國）。

► iPSC- 神經幹細胞的分化與培養

神經幹細胞從誘導多能幹細胞（iPSC）分離並進行培養如前所述[64]。簡而言之，周邊血單核細胞以 CytoTune™-iPS 2.0 轉染試劑產生 iPSC，然後將 iPSC 以 mTeSRTM（幹細胞技術）維持，利用 PSC 神經感應培養基（Gibco，Thermo Fisher）篩選由 iPSCs 分化成神經幹細胞，將篩選的 iPSC 細胞菌落培養在 Geltrex 基質塗層的培養皿中培養 7 天。將 NP 誘導培養基換成 NP 擴增培養基，並繼續培養另外 7 天。收集細胞並以流式細胞分析儀和免疫細胞化學進行分析。

► 細胞活力測定（CCK-8）

利用 kit-8（CCK-8）（Dojindo Molecular 技術有限公司，日本熊本）分析神經幹細胞的細胞增生能力。簡而言之，細胞是以 1×10^4 的密度種到 96 孔板中（$100\,\mu$L 培養基 / 孔）在有或沒有 hOEC-EV 的情況下，培養 24、48、72 小時。之後與 CCK-8 溶液在 37℃反應 3 小時。以微孔板讀取器測定，吸光值為 490 nm（OD490），並進行統計分析（方差分析）GraphPad Prism 軟件（GraphPad，拉霍亞，加州，美國）。

► 細胞毒性試驗

將神經幹細胞懸浮在完全培養基中 1：1 的神經基礎培養基：DMEM / F12 加 1％青黴素和 1 倍補充劑。細胞以密度 2×10^5 細胞 / mL 種在將 96 孔板中，於在治療前於 37℃放置 24 小時。培養基是換成不含補充劑

的培養基。500 μ M 的叔丁基過氧化氫加入並與細胞作用 2 小時。乳酸鹽脫氫酶（Dojindo Molecular）評估細胞毒性。對於預先處理實驗，將神經幹細胞與源自人類嗅鞘細胞的外泌體培養 72 小時，再加入叔丁基過氧化氫。所有實驗均重複三次。細胞毒性分析（相對於對照的百分比）和統計分析（方差分析）GraphPad Prism 軟件。

► 統計分析

所有實驗均重複三次，數據以平均值 ± 標準偏差表示。兩種以上均值之間的差異實驗組通過分析確定方差（ANOVA）。P <0.05 統計學上認為有意義。* 表示 p 值 <0.01。** 代表 p 值 <0.001。ns 在統計上沒有意義。

Neurological Research

Neurological Research

A Journal of Progress in Neurosurgery, Neurology and Neurosciences

Taylor & Francis
Taylor & Francis Group

ISSN: (Print) (Online) Journal homepage: https://www.tandfonline.com/loi/yner20

Extracellular vesicles isolated from human olfactory ensheathing cells enhance the viability of neural progenitor cells

Yuan-Kun Tu & Yu-Huan Hsueh

To cite this article: Yuan-Kun Tu & Yu-Huan Hsueh (2020): Extracellular vesicles isolated from human olfactory ensheathing cells enhance the viability of neural progenitor cells, Neurological Research, DOI: 10.1080/01616412.2020.1794371

To link to this article: https://doi.org/10.1080/01616412.2020.1794371

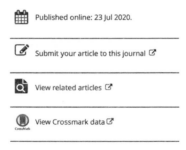

Published online: 23 Jul 2020.

Submit your article to this journal ☑

View related articles ☑

View Crossmark data ☑

NEUROLOGICAL RESEARCH
https://doi.org/10.1080/01616412.2020.1794371

ARTICLE

Extracellular vesicles isolated from human olfactory ensheathing cells enhance the viability of neural progenitor cells

Yuan-Kun Tu and Yu-Huan Hsueh

Department of Orthopedic Surgery, E-Da Hospital/I-Shou University, Kaohsiung City, Taiwan (R.O.C.)

ABSTRACT

Objective: Acquired neurological diseases such as severe traumatic brain or spinal cord injury (SCI) cause irreversible disability. Olfactory ensheathing cell (OEC) transplantation has been trialed as a promising SCI treatment. Extracellular vesicles (EVs), which regulate cell–cell interactions, have recently garnered extensive research interests and emerged as a non-cell-based therapy in neurological disorders, including in SCI animal models. However, there have been no reports of human OEC-EVs and their beneficial effects on neuron regeneration. Here, we investigated the effects of EVs isolated from human OEC on the viability of neuronal cells.

Methods: EVs were isolated from primary human OECs (hOECs) by serial ultracentrifugation. The hOEC-EVs were characterized by transmission electron microscopy, western blotting, and nanoparticle tracking analyses. We conducted CCK8 and lactate dehydrogenase assays to assess the cell proliferation and cytotoxicity of neural progenitor cells (NPCs) exposed to hOEC-EVs. *Tert*-butyl hydroperoxide (t-BHP) was utilized to mimic oxidative stress-induced cytotoxicity in NPCs.

Results: The modal diameter of hOEC-derived EVs was 113.2 nm. Expressions of EV markers such as CD9, CD63, and CD81 were detected by western blotting. hOEC-derived EVs enhanced the proliferation of NPCs and ameliorated cell cytotoxicity mediated by t-BHP.

Discussion: Our findings reveal a role for hOEC-derived EVs in NPC proliferation and oxidative stress-induced neuronal toxicity model. These results may be useful for developing non-cell therapy OEC-EV-based treatment in acquired nervous system disease.

ARTICLE HISTORY
Received 13 November 2019
Accepted 6 July 2020

KEYWORDS
Extracellular vesicle; exosome; olfactory ensheathing cell; neural progenitor cell; proliferation; cytotoxicity; neurogenesis

Introduction

Olfactory ensheathing cells (OECs) are a unique type of glia present in the lamina propria of the olfactory mucosa, the outer layer of the olfactory bulb, and both inner and outer layers of the nerve fiber [1,2]. OECs ensheathe non-myelinated primary olfactory axons and enhance neural regeneration by migrating and promoting olfactory sensory axon extension from the nasal epithelium towards the olfactory bulb [3,4]. These cells sustain continuous axon extension and successful topographic targeting of olfactory receptor neurons. Numerous studies have demonstrated that OECs support neural regeneration by stimulating axonal myelination [5], secreting important survival factors for regenerated axons such as neurotrophic factors [6–8] and extracellular matrix (ECM) molecules [9–11], and regulating cell debris phagocytosis [12] and neuroinflammation [13]. Thus, these cells play critical roles in neurogenesis and neural regeneration, which are specific features of the mammalian olfactory system. Because of their distinctive properties and autologous origin, transplantation of OECs has emerged as an alternative potential therapy for repairing central nervous system (CNS) damage, particularly for spinal cord injury [14].

Spinal cord injury (SCI) is a critical neurological trauma that results in CNS damage and disruption of neuron circuits and signals between the brain and body [15]. SCI not only directly causes motor and sensory deficits, but also causes disturbances in the urinary tract, gastrointestinal tract, and sexual function. In cases of high thoracic and cervical SCI, vital complications such as abnormal respiratory, cardiovascular (arrhythmia, ectopic beats), and thermal regulation are frequently observed [16]. Chronic complications from SCI include pressure wound, osteoporosis, and urinary and bowel dyscontrol [17]. Trauma to the spinal cord leads to necrotic and apoptotic neuron cell death [18]. In contrast to olfactory neurons which can be replenished by neural stem cells [19], the spinal cord has limited regenerative ability. Common treatments for SCI include medicinal supportive treatment (glucocorticoid drugs) [20], early surgery [21], and postoperative rehabilitation. Unfortunately, the outcomes of these therapies are unsatisfactory and functional recovery is rarely achieved. Recently, cell transplantation has been shown to be promising for neurological function recovery in SCI [22,23]. Several studies demonstrated that the neuroprotection and tissue-repairing effects of

CONTACT Yuan-Kun Tu ✉ ed100130@edah.org.tw ✉ Department of Orthopedic Surgery, E-Da Hospital/I-Shou University., Kaohsiung City 824, Taiwan (R.O.C.)

stem cell transplantation are primarily related to the paracrine mechanism and extracellular vesicles released from transplanted cells [24,25].

Extracellular vesicles (EVs) are the smallest membrane-bound nanovesicles of endosomal origin released from the cell into the extracellular space [26]. These small vesicles carry lipids, proteins, and various functional biotypes of RNA (mRNAs and miRNAs) which participate in intercellular communication, such as neuron-glial interactions [27,28]. Recently, both natural and engineered EVs have been employed for drug delivery [29,30]. The advantageous properties of EVs, such as their low immunogenicity, long half-life in circulation, and ability to cross the blood-brain barrier indicate their application potential in clinical therapy [31]. Recently, numerous *in vitro* and *in vivo* studies demonstrated that EVs derived from stem cells can ameliorate and repair neural damage in traumatic brain injury [32,33] and spinal cord injury [34,35]. EVs derived from astrocytes alleviated neuronal damage in experimental ischemic stroke mice model [36]. Schwann cell-derived exosomes also enhanced axonal regeneration in animal sciatic nerve crush model [37]. The repairing abilities of EVs in these neurological conditions are related to neuroinflammation modulation, autophagy regulation, angiogenesis, and apoptosis attenuation.

Although OEC transplantation has been trialed in SCI therapy for decades and several documents demonstrated neurological improvement and locomotor recovery in experimental traumatic SCI, the evidence of the effects of OEC-derived EVs on neuronal disorder remains unclear. Recently, OEC-EVs isolated from rats were able to enhance the axonal growth of dorsal root ganglion and peripheral nerve regeneration in a rat model [38]. However, human OEC (hOEC)-derived EVs and their effects on neurogenesis

or neuron regeneration have not been completely characterized. Thus, this preliminary study was conducted to characterize hOEC-derived EVs and investigate their roles in neurogenesis and protective potential in neuronal damage *in vitro*.

Results

hOEC cultivation

We isolated hOECs from the olfactory mucosa of the donor as described previously [39,40]. The early stage of hOEC cultivation exhibited a cluster of cells (Figure 1(a), upper panel). After cultivation for 3–4 weeks, single hOECs were observed with long spindle-shaped morphology (Figure 1(a), lower panel). To confirm that the cultured cells were typical of hOECs, we characterized the cell population by flow cytometry targeting hOEC-enriched proteins such as S100b, SOX10, Vimentin, and GFAP. The results indicated that nearly 100% of cells expressed S100b (99.9%), Vimentin, (99.6%), and GFAP (95.3%) (Figure 1(b)). Immunocytochemistry analysis revealed high expression of S100β and GFAP (Figure 1(c)). Based on these results, we concluded that we had successfully cultivated functional hOECs.

hOEC-derived EV isolation and characterization

We examined whether hOEC-derived EVs positively affect neurogenesis. First, we isolated EVs from OEC cultured medium by serial ultracentrifugation [24]. Isolated hOEC-derived EVs were characterized by TEM, NTA, and western blot analysis. TEM of hOEC-derived EVs revealed the characteristic morphology of EVs (Figure 2(a)). The particle size distribution of isolated EVs, as determined by NTA, is presented in Figure 2(b). The NTA profile showed a homogenous

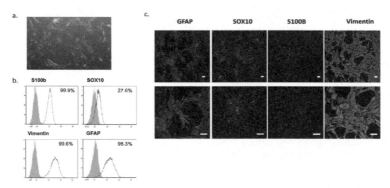

Figure 1. OEC cultivation and characterization. A: OEC morphology at day 3 (upper) and day 21 (lower) of culture. B: Flow cytometry analysis revealed the population of cultured cells expressing important OEC canonical markers (S100b, SOX10, Vimentin, GFAP). C: Immunocytochemistry indicated the expression levels of these OEC markers.

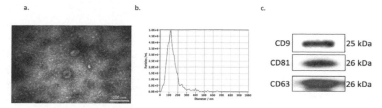

Figure 2. OEC-EV isolation and characterization. A: OEC-EVs were observed under a transmission electron microscope (scale bar 200 nm). B: Particle size distribution was analyzed by NTA analysis. C: Western blot analysis of OEC-EVs showed positive expression of EVs markers such as CD9, CD81, and CD63.

population of particles with a modal peak size of 113.2 nm. We further confirmed the identity of hOEC-derived EVs by detecting the expression of EV markers CD9, CD81, and CD63 by western blotting analysis (Figure 2(c)).

hOEC-derived EVs promote NPC proliferation and differentiation

To determine whether the hOEC-EVs enhance cell proliferation, we used iPSC-derived NPC as an *in vitro* model. Cultured iPSCs were differentiated to NPCs. A schematic of NPC differentiation and expansion is illustrated in Figure 3(a). The morphology of differentiated NPCs is presented in Figure 3(b). We then confirmed NPC differentiation from iPSCs by flow cytometry against PAX6, NESTIN, and SOX2 (Figure 3(c)). We found that major population of differentiated cells expressed PAX6 (99.9%), NESTIN (99.7%), and SOX2 (87%), which are normally enriched in neural progenitor cells.

To further investigate whether hOEC-derived EVs promote neurogenesis by stimulating neuron cell proliferation and maturation, we cultured NPCs (P1) with

or without hOEC-EV treatment. Two different clones of NPCs (iPSC-NPC-1 and iPSC-NPC-2) were used. NPCs were seeded into a 96-well plate at a cell density of 2×10^4 cells/well. The proliferation of NPCs was analyzed by CCK-8 assay for different incubation durations (24, 48, and 74 h). The proliferation rate of iPSC-NPCs increased in a time-dependent manner (Figure 4(a)). At 24 h of incubation, the cell proliferation rate of hOEC-EV-treated NPCs was non-significantly higher than that of control NPCs. However, the proliferation rate of hOEC-EV-treated NPCs was significantly higher than the control at 72 h of incubation (p < 0.001). These results suggest the neurogenesis-enhancing ability of hOEC-EVs.

hOEC-derived EVs ameliorate t-BHP induced cytotoxicity in NPCs

Oxidative stress and reactive oxygen species are important causes of cell death in conditions of either acute or chronic neuron damage. Furthermore, oxidative stress is considered a critical component in the secondary phrase of SCI that augments disease progression and retards the recovery. Thus, attenuating

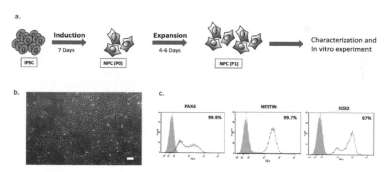

Figure 3. NPC cultivation and characterization. A: Brief schematic of iPSC-derived NPC differentiation and expansion to NPCs (P1) before characterization and cell treatment analysis. B: Morphology of NPCs. C: Flow cytometry analysis indicated that the major population of differentiated NPC (P1) were enriched in PAX6, Nestin, and Sox2.

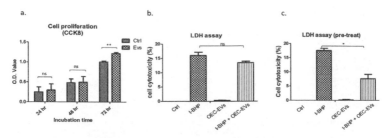

Figure 4. OEC-EVs promoted proliferation and ameliorated cytotoxicity of NPCs. A: Cell proliferation of NPCs was determined by CCK8 assay. Proliferation rate after 24 and 48 h was not significantly different between control and OEC-EVs exposed cells. A significant difference (**, p < 0.001) was observed after 72 h incubation. B: Cell cytotoxicity was evaluated by LDH assay. NPCs challenged with t-BHP alone showed the highest cytotoxicity level, which did not significantly differ from values in the t-BHP with OEC-EVs group. C: LDH assay showed that pretreatment with OEC-EVs significantly reduced cell cytotoxicity (*, p < 0.01) of NPCs.

stress-induced neuronal cell death may be another strategy for SCI treatment [41]. Thus, we investigated whether hOEC-EVs could ameliorate the cytotoxicity of NPCs during oxidative stress. NPCs were incubated in the presence of the oxidizing agent t-BHP, with or without hOEC-EVs. The LDH releasing level of damaged cells was measured by enzyme-linked immunosorbent assay. We found a significant increase in LDH activity in NPCs challenged with t-BHP. Cells challenged with t-BHP in the presence of hOEC-EVs showed only slightly lower LDH levels (Figure 4(b)) compared to t-BHP-exposed cells without hOEC-EVs (p > 0.05). We then observed whether pre-treatment of hOEC-EVs promoted protective effects. NPCs were cultured in medium with or without hOEC-EVs for 72 h before t-BHP challenge. The cells were incubated in t-BHPs with or without EVs for 2 h before the LDH assay. The results showed that the cytotoxicity of cells in EV-containing medium was significantly reduced (p < 0.01) (Figure 4(c)).

Discussion

Acquired CNS diseases, such as ischemic stroke and traumatic injury of the brain or spinal cord cause irreversible physical and mental damage. At present, clinical treatments are only supportive which inefficiently regenerate neurological functions. Thus, treating these conditions remains challenging. Recently, cell or stem cell transplantation has been emerged as a promising neurological regenerative treatment. However, the treatment efficiency of cell transplantation is reduced by cell rejection via the immune system and the low cell migration rate to injured tissue [42]. EVs including exosomes secreted by transplanted cells are considered key factors in cell signaling to promote tissue repair and improve cellular functions in several models [43–48]. In addition, administration of exosomes or EVs can prevent the limitations of direct cell

transplantation. Therefore, several studies have been conducted to investigate the role of EVs in neuron tissue repair and provide a foundation for EV-based treatment.

Although several cell types have been used as candidates in transplantation for SCI treatment, one of the most effective transplanted cells is OECs. OECs are relatively easy to culture and show robust growth. These cells promote axon regeneration, functional recovery [49,50], and remyelination after experimental axon demyelination [51,52]. However, no evidence has demonstrated the role of hOEC-derived exosomes or EVs in neural repair or neurogenesis. We hypothesized that hOEC-derived EVs play an important role in the therapeutic potential of OEC transplantation in patients with SCI. This is the first study describing the isolation and characterization of hOEC-derived EVs in vitro. The particle size distribution of hOEC-EVs characterized in this study was close to that of those isolated from rats [38]. The western blot analysis indicated the high expression of CD63, CD81 in our isolated hOEC-EVs, whereas the CD63 expression seemed to be low in rat OEC-EVs [38].

Numerous studies have demonstrated that EVs or exosomes released from cells promote cell proliferation [53,54] and neurogenesis [55–57]. Most studies focused on exosomes derived from mesenchymal stem cells (MSCs) which are widely used cell types in transplantation therapy. However, generating MSCs is more costly than generating OECs. Thus, we aimed to develop a new platform for EV-based therapy from hOECs. We found that hOEC-derived EVs promote the proliferation of iPSC-NPCs in vitro, particularly after 72 h of incubation. Immunostaining of mature neuron markers such as islet-1 and MAP2 demonstrated that the proliferated NPCs exposed to OEC-EVs were mature and functional. Although the intensity of protein expression in one clone (iPSC-NPC1) did not clearly differ between control and EV-exposed cells, the number of cells was obviously increased. Additionally, we observed that immunostaining signal of iPSC-NPC2 showed higher intensity of HB9 expression. Homeobox HB9 is a protein encoded by human motor neuron and pancreas homeobox1. Traumatic SCI severely breaks down the neuronal circuit and motor function [58]. The motor neuron is important for the functional recovery of neuron disease or degeneration. Thus, we hypothesize that hOEC-EVs probably have positive effects on functional recovery in SCI. Our future efforts will focus on *in vitro* or *in vivo* studies to prove this hypothesis.

Brain or spinal cord injury not only mechanically damages the neural tissue, but also triggers secondary biochemical changes such as oxidative stress, which leads to delayed neural cell death and chronic neurological disability [59,60]. Several studies have utilized oxidizing agents to induce neural cytotoxicity in investigating neuroprotective drug effects. We also demonstrated that, although hOEC-EVs insignificantly reduced t-BHP-mediated oxidative cytotoxicity in NPCs, pre-treatment of cells with hOEC-EVs resulted in significant reduction of cytotoxicity. We suspect that the variation of EV concentrations is related to the statistical significance of these results. However, our findings indicate that hOEC-EVs protected NPCs from t-BHP-induced oxidative damage. This result implies that hOEC-EVs probably have therapeutic potential, particularly for ameliorating secondary pathophysiological damage after traumatic neuron injury.

In this study, we conducted *in vitro* experiments in NPCs, which is an option for cell transplantation for SCI [61,62]. These reports showed that NPC transplantation at SCI sites can promote neural tissue repair and functional recovery by stimulating axon remyelination. OECs have also been shown to enhance axon remyelination [52]. Our findings support that hOEC-EVs can augment NPC function in transplantation. *In vivo* experiments of hOEC-EV administration in an induced SCI model is required to clarify the therapeutic potential of these approaches. In this study, the therapeutic potential of hOEC-EVs was subtle. The concentration of EVs (and t-BHP) may influence the protective potential of hOEC-EVs. Additional studies are required to optimize the EV concentration. Furthermore, OECs consist of at least two subtypes, particularly astrocyte-like OECs and Schwan cell-like OECs [63]. The different subtypes of OECs may carry different contents in their EVs and consequently affect the cellular responses of neurons.

In conclusion, we report the characterization of hOEC-derived EVs and their effects on neuron viability. Although a report had recently revealed that rat OEC-EVs has therapeutic potential to heal damaged peripheral nerves, this is the first report related to hOEC-derived EVs. The hOEC-EVs may be more

applicable in clinical use for human neuronal disease intervention. The overall results of our *in vitro* studies suggest that hOEC-derived EVs promoted neurogenesis by stimulating cell proliferation in an NPC model. Furthermore, OEC-EVs ameliorated cell cytotoxicity induced by t-BHP administration, which mimic secondary oxidative stress after neuron tissue injury. *In vivo* studies, such as those using SCI animal models, are needed to validate the therapeutic efficiency of hOEC-EV administration in neurological disorders. However, our results will pave a new way for non-cell-based therapies for treating human neuronal defects.

Materials and Methods

Cell analysis

hOEC cell cultivation

The olfactory mucosa tissue was collected endoscopically from the donor under general anesthesia with signed consent given by the donor. hOECs were subjected to primary cultured by following the protocol described previously [40]. Briefly, the collected tissue was first placed in cold phosphate-buffered saline (PBS). To isolate hOECs from the olfactory mucosa, the tissue was washed in cold PBS three times before incubation in dispase II solution for 20 min at 37°C. The lamina propria was dissected under a microscope, cut into small pieces, and centrifuged at $250 \times g$ to pellet the tissue in the suspension. The pellet was resuspended in Dulbecco's modified Eagle's medium (DMEM/F12) plus nutrient supplement (MC Biotech, Inc., Taiwan) and cultured at 37°C in an incubator with 5% CO_2.

Flow cytometry

Cells were harvested by Accutase™ (Stemcell Technologies, Inc., Vancouver, Canada). Cell suspensions were centrifuged at $300 \times g$ for 3 min and the supernatants were decanted. Cells pellets were resuspended in 1X PBS for cell counting and dilution. The cells (1×10^6) were added to a new tube, fixed, and permeated (for intracellular staining). The cells were then incubated with an appropriate dilution of fluorescence-conjugated antibody for 1 h at 4°C, washed three times in PBS to remove excess antibody, and analyzed by flow cytometry.

Immunocytochemistry

The cells (2×10^4) were seeded into each well of a 24-well plate for 24 h. After the cell density reached 80% confluence, the culture medium was discarded, and the cells were washed in PBS and fixed with 4% paraformaldehyde in PBS for 15 min. After washing the cells three times in PBS, they were incubated in 0.1% TritonX-100 for 15 min at room temperature to permeate the membrane. After three washes in PBS, the cells were blocked with 5% bovine serum albumin (Sigma) for 1 h. Cells were washed and incubated with primary antibody diluted in 1% bovine serum albumin at 4°C overnight. On the second day, the cells were washed and incubated in diluted secondary antibody for 1 h. DAPI was used to label the cell nucleus, and the cells were imaged under an inverted fluorescence microscope.

EV isolation

EVs were isolated from hOECs by sequential ultracentrifugation. Briefly, the culture medium of hOECs was discarded, followed by two washes with PBS. The culture medium was changed to serum-free medium and culture was continued for 2 days. The conditioned medium was collected and centrifuged at $2,000 \times g$ for 30 min at 4°C to remove cell debris. The supernatant was transferred to a new tube and centrifuged at $10,000 \times g$ for 30 min. The supernatant was then transferred to an ultracentrifuge tube and centrifuged at $100,000 \times g$ for 70 min at 4°C, after which the supernatant was discarded. The exosome pellet was resuspended in PBS and centrifuged at $100,000 \times g$ for 70 min at 4°C. The isolated exosomes were resuspended in PBS for further characterization by TEM and nanoparticle tracking analysis (NTA) or in lysis buffer for western blot analysis. For cell treatment, the EV solution was used immediately or stored at 4°C for no longer than 1 week.

EV characterization

Transmission electron microscopy (TEM)

The morphology of the isolated EVs was characterized by TEM. Briefly, isolated hOEC-EVs were fixed in 2% paraformaldehyde-cacodylate buffer and loaded onto copper grids for 20 min. The exosomes were fixed in 1% (w/v) glutaraldehyde for 5 min and then the grids were washed. For contrast imaging, the sample was incubated in 4% uranyl acetate for 5 min. Finally, the sample was dried before observation by TEM.

NTA

EV particle concentration and size distribution were visualized and analyzed with a Scanning NTA ZetaView® (Particle Metrix GmbH, Meerbusch, Germany). NTA for the EV sample was performed by Unimed Ltd, Taiwan.

Western blot analysis

To extract total protein from the exosome pellet, RIPA lysis buffer (Invitrogen, Carlsbad, CA, USA) was added directly to the ultracentrifuge tube after washing the pellet and discarding the PBS. The dissolve the pellet, the sample was vortexed and centrifuged at $13,000 \times g$ for 5 min. The supernatant was transferred to a new tube and the protein concentration was quantified with a BCA kit (BCA protein assay, Pierce, Waltham, MA, USA). Next, 30 μg of isolated protein was separated by SDS-PAGE and transferred onto polyvinylidene difluoride membranes. After blocking in 5% skim milk in Tris-buffered saline containing 0.1% Tween 20 (TBST) for 1 h at room temperature, the membrane was incubated in appropriate dilutions of primary antibodies against CD81, CD9, and CD63 at 4°C with gentle shaking overnight. The membranes were washed in TBST and incubated for 1 h with horseradish peroxidase-conjugated secondary antibodies at room temperature with gentle shaking. Enhanced chemiluminescence reagent was used to detect immunoreactive bands according to the manufacturer's instructions (Millipore, Billerica, MA, USA).

iPSC-NPC differentiation and cultivation

Neural progenitor cells were differentiated from induced pluripotent stem cells (iPSCs) and cultured as described previously with minimum modification [64]. Briefly, iPSCs were generated by peripheral blood mononuclear cell reprogramming by transfection of the cells with CytoTune™-iPS 2.0 Sendai Reprogramming Kit. iPSCs were then maintained in mTeSR™ (Stem Cell Technologies). Selected colonies of iPSCs were differentiated into NPCs by using PSC Neural induction medium (Gibco, Thermo Fisher), iPSC colonies were washed in PBS and cultured in Geltrex matrix-coated plate, and pre-warmed NP induction medium for 7 days. The NP induction medium was then changed to NP expansion medium, and culture continued for another 7 days. Cells were harvested and characterized by flow cytometry and immunocytochemistry.

Cell viability assay (CCK-8)

The cell proliferation ability of NPCs was determined as the cell viability rate measured in a Cell Counting kit-8 (CCK-8) assay (Dojindo Molecular Technologies, Inc., Kumamoto, Japan) following the manufacturer's instructions. Briefly, the cells were seeded into 96-well plates at a density of 1×10^4 cells/100 μL medium/well and incubated for 24, 48, or 72 h with or without hOEC-EVs. Each well was then incubated with CCK-8 working solution at 37°C for 3 h. The optical density at 490 nm (OD_{490}) of each well was measured using a microplate reader. A bar graph was prepared showing the OD_{490} result and statistical analysis (analysis of variance) was performed in GraphPad Prism software (GraphPad, Inc., La Jolla, CA, USA).

Cytotoxicity test

NPC cells were suspended in complete medium containing 1:1 of neurobasal medium: DMEM/F12 plus 1% penicillin and 1x supplement. Cells were seeded at 2×10^5 cell/mL into a 96-well plate and incubated at 37°C for 24 h before treatment. The medium was replaced with medium without supplement. Next, 500 μM of *tert*-butyl hydroperoxide (t-BHP) was added and incubated with the cells for 2 h. A lactate dehydrogenase (LDH) assay (Dojindo Molecular Technology, Inc.) was performed to evaluate the cytotoxicity level of t-BHP. For pre-treatment examination, NPCs were seeded into complete medium with or without hOEC-EVs for 72 h before t-BHP exposure. All experiments were performed in triplicate. Two passages of either NPC1 or NPC2 were tested and the OD_{490} values were averaged for cytotoxicity analysis. Cell cytotoxicity analysis (% of control) and statistical analysis (analysis of variance) were performed in GraphPad Prism software.

Statistical analysis

Data were collected from at least three independent experiments and presented as mean ± standard deviation. The differences between means in more than two experimental groups were determined by analysis of variance (ANOVA). $P < 0.05$ was considered statistically significant. * represented p-value<0.01. ** represented p-value<0.001. ns represented no statistically significant.

Disclosure statement

The authors have no conflict of interest, financial or otherwise.

References

[1] Doucette JR. The glial cells in the nerve fiber layer of the rat olfactory bulb. Anat Rec. 1984 Oct;210 (2):385–391.
[2] Devon R, Doucette R. Olfactory ensheathing cells myelinate dorsal root ganglion neurites. Brain Res. 1992 Aug 28;589(1):175–179.
[3] Tennent R, Chuah MI. Ultrastructural study of ensheathing cells in early development of olfactory axons. Brain Res Dev Brain Res. 1996 Aug 20;95 (1):135–139.
[4] Chehrehasa F, Windus LC, Ekberg JA, et al. Olfactory glia enhance neonatal axon regeneration. Mol Cell Neurosci. 2010 Nov;45(3):277–288.
[5] Akiyama Y, Lankford K, Radtke C, et al. Remyelination of spinal cord axons by olfactory ensheathing cells and Schwann cells derived from

[6] a transgenic rat expressing alkaline phosphatase marker gene. Neuron Glia Biol. 2004 Feb;1(1):47–55.
[6] Wewetzer K, Grothe C, Claus P. In vitro expression and regulation of ciliary neurotrophic factor and its alpha receptor subunit in neonatal rat olfactory ensheathing cells. Neurosci Lett. 2001 Jun 29;306(3):165–168.
[7] Lipson AC, Widenfalk J, Lindqvist E, et al. Neurotrophic properties of olfactory ensheathing glia. Exp Neurol. 2003 Apr;180(2):167–171.
[8] Woodhall E, West AK, Chuah MI. Cultured olfactory ensheathing cells express nerve growth factor, brain-derived neurotrophic factor, glia cell line-derived neurotrophic factor and their receptors. Brain Res Mol Brain Res. 2001 Mar 31;88 (1–2):203–213.
[9] Chung RS, Woodhouse A, Fung S, et al. Olfactory ensheathing cells promote neurite sprouting of injured axons in vitro by direct cellular contact and secretion of soluble factors. Cell Mol Life Sci. 2004 May;61(10):1238–1245.
[10] Guerout N, Derambure C, Drouot L, et al. Comparative gene expression profiling of olfactory ensheathing cells from olfactory bulb and olfactory mucosa. Glia. 2010 Oct;58(13):1570–1580.
[11] Marçal H, Sarris M, Raftery MJ, et al. Expression proteomics of olfactory ensheathing cells. J Chem Technol Biot. 2008;83(4):473–481.
[12] Nazareth L, Lineburg KE, Chuah MI, et al. Olfactory ensheathing cells are the main phagocytic cells that remove axon debris during early development of the olfactory system. J Comp Neurol. 2015 Feb 15;523 (3):479–494.
[13] Chuah MI, Hale DM, West AK. Interaction of olfactory ensheathing cells with other cell types in vitro and after transplantation: glial scars and inflammation. Exp Neurol. 2011 May;229(1):46–53.
[14] Assinck P, Duncan GJ, Hilton BJ, et al. Cell transplantation therapy for spinal cord injury. Nat Neurosci. 2017 Apr 25;20(5):637–647.
[15] Deng J, Zhang Y, Xie Y, et al. Cell transplantation for spinal cord injury: tumorigenicity of induced pluripotent stem cell-derived neural stem/progenitor cells. Stem Cells Int. 2018;2018:7.
[16] Hagen EM. Acute complications of spinal cord injuries. World J Orthop. 2015;6(1):17–23.
[17] Sezer N, Akkuş S, Uğurlu FG. Chronic complications of spinal cord injury. World J Orthop. 2015;6 (1):24–33.
[18] Hassannejad Z, Zadegan SA, Shakouri-Motlagh A, et al. The fate of neurons after traumatic spinal cord injury in rats: A systematic review. Iran J Basic Med Sci. 2018 Jun;21(6):546–557.
[19] Barber PC. Neurogenesis and regeneration in the primary olfactory pathway of mammals. Bibl Anat. 1982;(23):12–25.
[20] Hashimoto T, Fukuda N. Effect of thyrotropin-releasing hormone on the neurologic impairment in rats with spinal cord injury: treatment starting 24 h and 7 days after injury.Eur J Pharmacol. 1991 [cited 1991 Oct 2];203(1):25–32.
[21] Hawryluk GWJ, Rowland J, Kwon BK, et al. Protection and repair of the injured spinal cord: a review of completed, ongoing, and planned clinical trials for acute spinal cord injury. Neurosurg Focus 2008;25(5):E14.
[22] Abbaszadeh HA, Niknazar S, Darabi S, et al. Stem cell transplantation and functional recovery after spinal

cord injury: a systematic review and meta-analysis. Anat Cell Biol. 2018 Sep;51(3):180–188.

[23] Kumagai G, Okada Y, Yamane J, et al. Roles of ES cell-derived gliogenic neural stem/progenitor cells in functional recovery after spinal cord injury. Plos One. 2009;4(11):e7706.

[24] Yuan X, Wu Q, Wang P, et al. Exosomes derived from pericytes improve microcirculation and protect blood-spinal cord barrier after spinal cord injury in mice. Front Neurosci. 2019;13:319.

[25] Ratajczak MZ, Jadczyk T, Pedziwiatr D, et al. New advances in stem cell research: practical implications for regenerative medicine. Pol Arch Med Wewn. 2014;124(7–8):417–426.

[26] Thery C, Witwer KW, Aikawa E, et al. Minimal information for studies of extracellular vesicles 2018 (MISEV2018): a position statement of the International Society for Extracellular Vesicles and update of the MISEV2014 guidelines. J Extracell Vesicles. 2018;7(1):1535750.

[27] Frühbeis C, Fröhlich D, Kuo WP, et al. Extracellular vesicles as mediators of neuron-glia communication. Front Cell Neurosci. 2013;7:182.

[28] Caruso Bavisotto C, Scalia F, Marino Gammazza A, et al. Extracellular vesicle-mediated cell-cell communication in the nervous system: focus on neurological diseases. Int J Mol Sci. 2019;20(2):434.

[29] Bunggulawa EJ, Wang W, Yin T, et al. Recent advancements in the use of exosomes as drug delivery systems. J Nanobiotechnology. 2018 [cited 2018 Oct 16];16(1):81.

[30] Murphy DE, de Jong OG, Brouwer M, et al. Extracellular vesicle-based therapeutics: natural versus engineered targeting and trafficking. Exp Mol Med. 2019 [cited 2019 Mar 15];51(3):32.

[31] Samanta S, Rajasingh S, Drosos N, et al. Exosomes: new molecular targets of diseases. Acta Pharmacol Sin. 2018;39(4):501–513.

[32] Drommelschmidt K, Serdar M, Bendix I, et al. Mesenchymal stem cell-derived extracellular vesicles ameliorate inflammation-induced preterm brain injury. Brain Behav Immun. 2017 [cited 2017 Feb 1];60:220–232.

[33] Ni H, Yang S, Siaw-Debrah F, et al. Exosomes derived from bone mesenchymal stem cells ameliorate early inflammatory responses following traumatic brain injury [Original Research]. Front Neurosci. 2019 [cited 2019 Jan 24];13(14). Doi:10.3389/fnins.2019.00014.

[34] Liu W, Wang Y, Gong F, et al. Exosomes derived from bone mesenchymal stem cells repair traumatic spinal cord injury by suppressing the activation of A1 neurotoxic reactive astrocytes. J Neurotrauma. 2019 Feb 1;36(3):469–484.

[35] Rong Y, Liu W, Wang J, et al. Neural stem cell-derived small extracellular vesicles attenuate apoptosis and neuroinflammation after traumatic spinal cord injury by activating autophagy. Cell Death Dis. 2019 Apr 18;10(5):340.

[36] Pei X, Li Y, Zhu L, et al. Astrocyte-derived exosomes suppress autophagy and ameliorate neuronal damage in experimental ischemic stroke. Exp Cell Res. 2019 Sep 15;382(2):111474.

[37] Lopez-Verrilli MA, Picou F, Court FA. Schwann cell-derived exosomes enhance axonal regeneration in the peripheral nervous system. Glia. 2013 Nov;61(11):1795–1806.

[38] Xia B, Gao J, Li S, et al. Extracellular vesicles derived from olfactory ensheathing cells promote peripheral nerve regeneration in rats. Front Cell Neurosci. 2019;13:548.

[39] Higginson JR, Barnett SC. The culture of olfactory ensheathing cells (OECs)–a distinct glial cell type. Exp Neurol. 2011;229(1):2–9.

[40] Hashemi M, Hadjighassem M. Primary olfactory ensheathing cell culture from human olfactory mucosa specimen.Bio-protocol. 2017 [cited 2017 May 20];7(10):e2275.

[41] Jia Z, Zhu H, Li J, et al. Oxidative stress in spinal cord injury and antioxidant-based intervention. Spinal Cord. 2012 Apr;50(4):264–274.

[42] Phinney DG, Prockop DJ. Concise review: mesenchymal stem/multipotent stromal cells: the state of transdifferentiation and modes of tissue repair–current views. Stem Cells. 2007 Nov;25(11):2896–2902.

[43] Tao SC, Yuan T, Zhang YL, et al. Exosomes derived from miR-140-5p-overexpressing human synovial mesenchymal stem cells enhance cartilage tissue regeneration and prevent osteoarthritis of the knee in a rat model. Theranostics. 2017;7(1):180–195.

[44] Zhang W, Dong X, Wang T, et al. Exosomes derived from platelet-rich plasma mediate hyperglycemia-induced retinal endothelial injury via targeting the TLR4 signaling pathway. Exp Eye Res. 2019 Sep;24:107813.

[45] Tao SC, Yuan T, Rui BY, et al. Exosomes derived from human platelet-rich plasma prevent apoptosis induced by glucocorticoid-associated endoplasmic reticulum stress in rat osteonecrosis of the femoral head via the Akt/Bad/Bcl-2 signal pathway. Theranostics. 2017;7(3):733–750.

[46] Guo SC, Tao SC, Yin WJ, et al. Exosomes derived from platelet-rich plasma promote the re-epithelization of chronic cutaneous wounds via activation of YAP in a diabetic rat model. Theranostics. 2017;7(1):81–96.

[47] Qi X, Zhang J, Yuan H, et al. Exosomes secreted by human-induced pluripotent stem cell-derived mesenchymal stem cells repair critical-sized bone defects through enhanced angiogenesis and osteogenesis in osteoporotic rats. Int J Biol Sci. 2016;12(7):836–849.

[48] Hu GW, Li Q, Niu X, et al. Exosomes secreted by human-induced pluripotent stem cell-derived mesenchymal stem cells attenuate limb ischemia by promoting angiogenesis in mice. Stem Cell Res Ther. 2015 Apr;10(6):10.

[49] Nash HH, Borke RC, Anders JJ. Ensheathing cells and methylprednisolone promote axonal regeneration and functional recovery in the lesioned adult rat spinal cord. J Neurosci. 2002;22(16):7111–7120.

[50] Ramon-Cueto A, Plant GW, Avila J, et al. Long-distance axonal regeneration in the transected adult rat spinal cord is promoted by olfactory ensheathing glia transplants. J Neurosci. 1998 May 15;18(10):3803–3815.

[51] Franklin RJ, Gilson JM, Franceschini IA, et al. Schwann cell-like myelination following transplantation of an olfactory bulb-ensheathing cell line into areas of demyelination in the adult CNS. Glia. 1996 Jul;17(3):217–224.

[52] Kato T, Honmou O, Uede T, et al. Transplantation of human olfactory ensheathing cells elicits remyelination of demyelinated rat spinal cord. Glia. 2000;30(3):209–218.

[53] Shabbir A, Cox A, Rodriguez-Menocal L, et al. Mesenchymal stem cell exosomes induce proliferation and migration of normal and chronic wound fibroblasts, and enhance angiogenesis in vitro. Stem Cells Dev. 2015 Jul 15;24(14):1635–1647.

[54] Lee -S-S, Won J-H, Lim GJ, et al. A novel population of extracellular vesicles smaller than exosomes promotes cell proliferation. Cell Commun Signaling. 2019 [cited 2019 Aug 15];17(1):95.

[55] Reza-Zaldivar EE, Hernández-Sapiéns MA, Gutiérrez-Mercado YK, et al. Mesenchymal stem cell-derived exosomes promote neurogenesis and cognitive function recovery in a mouse model of Alzheimer's disease. Neural Regen Res. 2019;14(9):1626–1634.

[56] Sharma P, Mesci P, Carromeu C, et al. Exosomes regulate neurogenesis and circuit assembly. Proc Nat Acad Sci. 2019;116(32):16086–16094.

[57] Ma Y, Li C, Huang Y, et al. Exosomes released from neural progenitor cells and induced neural progenitor cells regulate neurogenesis through miR-21a. Cell Commun Signaling. 2019 [cited 2019 Aug 16];17(1):96.

[58] Yokota K, Kubota K, Kobayakawa K, et al. Pathological changes of distal motor neurons after complete spinal cord injury. Mol Brain. 2019 [cited 2019 Jan 9];12(1):4.

[59] Yakovlev AG, Faden AI. Mechanisms of neural cell death: implications for development of neuroprotective treatment strategies.NeuroRX. 2004 [cited 2004 Jan 1];1(1):5–16.

[60] Faden AI. Neuroprotection and traumatic brain injury: theoretical option or realistic proposition. Curr Opin Neurol. 2002;15(6):707–712.

[61] Nagoshi N, Khazaei M, Ahlfors JE, et al. Human spinal oligodendrogenic neural progenitor cells promote functional recovery after spinal cord injury by axonal remyelination and tissue sparing. Stem Cells Transl Med. 2018 Nov;7(11):806–818.

[62] Lu P, Gomes-Leal W, Anil S, et al. Origins of neural progenitor cell-derived axons projecting caudally after spinal cord injury. Stem Cell Reports. 2019 [cited 2019 Jul 9];13(1):105–114.

[63] Franceschini IA, Barnett SC. Low-affinity NGF-receptor and E-N-CAM expression define two types of olfactory nerve ensheathing cells that share a common lineage. Dev Biol. 1996 Jan 10;173(1):327–343.

[64] D'Aiuto L, Zhi Y, Kumar Das D, et al. Large-scale generation of human iPSC-derived neural stem cells/early neural progenitor cells and their neuronal differentiation. Organogenesis. 2014 [cited 2014 Oct 2];10(4):365–377.

中英文專有名詞對照表	
活化轉錄因子 3	Activating Transcriptional Factor-3, ATF3
急性心肌梗塞	Acute Myocardial Infarction, AMI
急性腎損傷	Acute Kidney Injury, AKI
愛滋病	Acquired Immune Deficiency Syndrome, AIDS
食道腺癌	Adenocarcinoma
二磷酸腺苷	Adenosine Diphosphate, ADP
脂肪組織巨噬細胞	Adipose Tissue Macrophage, ATM
非洲錐蟲病	African Trypanosomiasis
甲型胎兒蛋白	Alpha-Fetoprotein, AFP
中性氨基轉運蛋白 2	Alanine Serine Cysteine Transporter2, ASCT2
阿茲海默症	Alzheimer's Disease, AD
蛋白激酶	AMP-activated Protein Kinase, AMPK
β 澱粉樣蛋白	Amyloid β, A β
抗環瓜氨酸抗體	anti-cyclic Citrullinated Peptide Antibody, anti-CCP
細胞毒殺效應	Antibody-dependent Cell-mediated cytotoxicity, ADCC
抗原遞呈細胞	Antigen Presenting Cell, APC
有機綠茶乳酸菌	APsulloc
芳香烴受體	Aryl hydrocarbon Receptor, AhR
哮喘	Asthma
非對稱場流分離技術	Asymmetrical Flow Field-flow Fractionation, AF4
動脈粥狀硬化	Atherosclerosis, AS
異位性皮膚炎	Atopic Dermatitis, AD
原子力顯微鏡	Automic Forcemicroscopy, AFM
水通道蛋白	Aquaporin
β - 欖香烯	β -elemene
卡介苗	Bacillus Calmette-Guérin Vaccine, BCG
鹼性成纖維細胞生長因子	Basic Fibroblast Growth Factor, Bfgf, FGF-2
膀胱癌	Bladder Cancer
血腦屏障	Blood–brain Barrier, BBB
骨髓基質細胞	Bone Marrow Stromal Cells, BMSCs
骨髓基質細胞	Bone Marrow Stromal Cells, BMSCs
腦源性神經營養因子	Brain-derived Neurotrophic Factor, BDNF
綠花椰菜	Broccoli
支氣管炎	Bronchitis
子宮內膜癌	Carcinoma of Endometrium
膽囊癌	Carcinoma of the Gall-blader
心肌症	Cardiomyopathy
心血管疾病	Cardiovascular Diseases
連環蛋白	Catenin
細胞質膜微囊	Caveolae
位點特異性重組酶技術	Cause Recombination Locus Of X-over P1, Cre-LoxP
細胞奈米穿孔法	Cell Nanoporation, CNP
雷公藤紅素	Celastrol
神經醯胺	Ceramide

附錄

中英文專有名詞對照表

大腦皮質	Cerebral Cortex
子宮頸癌	Cervical Cancer
軟骨細胞	Chondrocyte
膽管癌	Cholagiocarcinoma, CCA
慢性阻塞性肺疾病	Chronic Obstructive Pulmonary Disease, COPD
循環腫瘤細胞	Circulating Tumor Cells, CTCs
瓜氨酸	Citrulline
網格蛋白	Clathrin
分化簇 1	Cluster of Differentiation1, CD1
結直腸癌	Colorectal Cancer, CRC
沉默結締組織生長因子 2	Connective Tissue Growth Factor 2, CCN2
肺源性心臟病	Cor Pulmonale
新型冠狀病毒肺炎	Coronavirus Disease-19, COVID-19
濾液蛋白	Culture Filtrate Protein, CFP
克隆氏症	Crohn's Disease
低溫透射電鏡技術	cryogenic Transmission Electron Microscopy, cryo-TEM
胞漿蛋白	Cytoplasmic Protein
胞嘧啶脫氨酶	Cytosine Deaminase, CD
T 淋巴細胞	Cytotoxic Lymphocyte, CTL
椎間盤退化症	Degenerative Disc Disease, DDD
樹突狀細胞	Dendritic Cell, DC
黃漆木	Dendropanax Morbifera
去氧核糖核酸	Deoxyribonucleic Acid, DNA
右旋葡聚糖硫酸鈉	Dextran Sulfate Sodium Salt, DSS
糖尿病腎病	Diabetic Nephropathy, DN
介電泳動	Dielectrophoresis
多巴胺能神經元	Dopaminergic Neuron
多巴醌	Dopaquinone, DOPA
阿黴素	Doxorubicin, DOX
杜興氏肌營養不良症	Duchenne Muscular Dystrophy, DMD
十二指腸癌	Duodenal Cancer
失養型表皮分解性水泡症	Dystrophic Epidermolysis Bullosa, DEB
早期核內體	Early Endosome
電子顯微鏡技術	Electron Microscope, EM
電穿孔	Electroporation
內吞作用	Endocytosis
內體蛋白分選轉運裝置	Endosomal Sorting Complexes Required for Yransport, ESCRT
內視鏡	Endoscope
上皮間充質轉化	Epithelial-mesenchymal Transition, EMT
食道腺癌	Esophageal Adenocarcinoma, EAC
食道癌	Esophageal Cancer, EC
食道鱗狀細胞癌	Esophageal Squamous Cell Carcinoma, ESCC
雌激素	Estrogen

中英文專有名詞對照表	
胞吐作用	Exocytosis
EXOtic 裝置	EXOsomal Transfer Into Cells
外泌體	Exosome
細胞生長空間	Extracapillary Space, ECS
細胞外囊泡	Extracellular Vesicles, EVs
胎牛血清	Fetal Bovine Serum, FBS
5- 氟胞嘧啶	5-Fluorocytosine, 5-FC
流式細胞術	Flow Cytometry, FCM
濾泡性甲狀腺癌	Follicular Carcinoma
冷凍乾燥技術	Freeze Drying
半乳糖凝集素 -3	Galectin-3
膽囊癌	Gallbladder Cancer
腸胃道間質瘤	Gastrointestinal Stromal Tumor, GIST
吉西他濱	Gemcitabine, GEM
基因工程	Genetic Engineering
膠質母細胞瘤	Glioblastoma Multiforme, GBM
腎小球腎炎	Glomerulonephritis
糖原合酶激酶 3β	Glycogen Synthase Kinase 3β, GSK-3β
磷脂醯肌醇聚糖 1	Glypican -1, GPC1
生薑類外泌體奈米顆粒	Ginger Exosome-like Nanoparticles, GELNs
高爾基體	Golgi Apparatus
促性腺激素	Gonadotropins, Gn
葡萄	Grape
革蘭氏陰性細菌	Gram-negative Bacteria
綠色螢光蛋白	Green Fluorescent Protein, GFP
心臟衰竭	Heart Failure
熱休克蛋白	Heat Shock Proteins, HSPs
肝星狀細胞	Hepatic Stellate Cells, HSC
肝細胞生長因子	Hepatocyte Growth Factor, HGF
人源性長壽保障基因 2	Homo Sapiens Longevity Assurance Homologue 2, LASS2
人羊膜上皮細胞	Human Amniotic Epithelial Cells, HAEC
人胚胎腎細胞 293	Human Embryonic Kidney Cells 293, HEK293
包皮成纖維細胞	Human Foreskin Fibroblasts, HFF
亨廷頓舞蹈症	Huntington's Disease, HD
靜水過濾透析法	Hydrostatic Filtration Dialysis, HFD
對苯二酚	Hydroquinone
高血壓	Hypertension, High Blood Pressure
左心發育不全綜合症	Hypoplastic Left Heart Syndrome, HLHS
工程化外泌體	iExosomes
A 型免疫球蛋白腎病	IgA-nephropathy
免疫磁珠	ImpetiCbead, IMB
上皮細胞分泌促炎細胞因子	Inflammatory Cytokine

中英文專有名詞對照表	
發炎性腸道疾病	Inflammatory Bowel Disease, IBD
胰島素降解酶	Insulin Degrading Enzyme, IDE
胰島素生長因子 1	Insulin Growth Factor-1, IGF-1
胰島素阻抗	Insulin Resistance
干擾素 γ	Interferon γ, IFN-γ
白細胞介素 1β	Interleukin-1β, IL-1β
白細胞介素 -6	Interleukin-6, IL-6
白細胞介素 -8	Interleukin-8, IL-8
小囊泡	Intraluminal Vesicles, ILVs
子宮沾黏	Intrauterine Adhesions, IUA
缺血性中風	Ischaemic Stroke
腎臟癌	Kidney Cancer
非標記蛋白質組學	Label Free
乳酸脫氫酶	Lactate Dehydrogenase, LDH
乳糖酶基鞘氨醇	Lactosylceramide
晚期核內體	Late Endosome
檸檬	Lemon
路易氏體	Lewy Body
脂質奈米探針法	Lipid Nanoprobe, LNP
脂多糖	Lipopolysaccharide, LPS
肝癌	Liver Cancer
液相色譜 - 質譜聯用技術	Liquid Chromatography–mass Spectrometry, LC-MS
肺癌	Lung Cancer
肺腺癌	Lung Adenocarcinoma
狼瘡性腎炎	Lupus Nephritis
黃體生成素	Luteinizing hormone, LH
溶酶體相關膜蛋白 2	Lysosomal-associated Membrane Protein 2, LAMP2B
溶酶體	Lysosome
核磁共振造影	Magnetic Resonance Imaging, MRI
溶血磷脂醯膽鹼轉運蛋白 2	Major Facilitator Superfamily Domain-containing Protein 2, MFSD2A
第一型主要組織相容性複合物	Major Histocompatibility Complex Ⅰ, MHC-Ⅰ
第二型主要組織相容性複合物	Major Histocompatibility Complex Ⅱ, MHC Ⅱ
乳腺癌	Mammary Cancer
肥大細胞	Mast Cell
基質	Matrix
轉移性乳腺癌細胞	MD Anderson-Metastatic Breast-231, MDA-MB-231
黑色素細胞	Melanocyte
膜蛋白	Membrane protein
間充質幹細胞	Mesenchymal Stem Cell, MSC
訊號核糖核酸	messenger Ribonucleic Acid, mRNAs
氨甲蝶呤	Methotrexate MTX
人類正常乳腺細胞 10A	Michigan Cancer Foundation10A
微流道	Micro Channel

中英文專有名詞對照表	
微環境	Microenvironment
小分子核糖核酸	micro Ribonucleic Acid, miRNAs
促分裂原活化蛋白激酶	Mitogen-activated Protein Kinase, MAPK
單核細胞趨化蛋白 1	Monocyte Chemotactic Protein-1, MCP-1
單核吞噬細胞	Mononuclear Cell or Mononuclear Phagocyte
多發性骨髓瘤	Multiple Myeloma, MM
細胞內多囊體	Multivesicular Body, MVB
髓源性抑制細胞	Myeloid-derived Suppressor Cells, MDSCs
螢光素酶	Nanoluc, Nluc
奈米顆粒追蹤分析	Nanoparticle Tracking Analysis, NTA
奈米級確定性側向位移微柱晶片	Nanoscale Deterministic Lateral Displacement pillar arrays, nano-DLD
自然殺手細胞	Natural Killer Cell, NK Cell
負調控因子	Negative Regulatory Factor, NRF
腦啡肽酶	Neprilysin, NEP
神經細胞	Nerve Cell
神經生長因子	Nerve Growth Factor, NGF
神經前驅細胞	Neural Precursor Cells, NPC
脈孢菌	Neurospora
神經內分泌分化	Neuroendocrine Differentiation, NED
神經內分泌前列腺癌	Neuroendocrine Prostate Cancer, NEPC
神經鞘瘤	Neurilemmoma
嗜中性粒細胞	Neutrophilic Granulocyte
核酸次世代定序	Next Generation Sequencing, NGS
尼曼匹克氏病	Niemann-Pick
非編碼核糖核酸	non-coding RNA, ncRNA
免疫缺陷小鼠	Non-obese Diabetic, NOD
非小細胞肺癌	Non Small Cell Lung Cancer, NSCLC
髓核細胞	Nucleus Pulposus Cells
嗅鞘細胞	Olfactory Ensheathing Cells, OEC
骨關節炎	Osteoarthritis, OA
成骨細胞	Osteoblast
破骨細胞	Osteoclast
先天性成骨不全症	Osteogenesis Imperfecta, OI
卵巢癌	Ovarian Cancer
紫杉醇	Paclitaxel, PTX
胰臟癌	Pancrease Cancer
甲狀腺乳頭癌	Papillary Thyroid Cancer
旁分泌	Paracrine
親代細胞	Parent Cell
帕金森氏症	Parkinson's Disease, PD
周邊血液	Peripheral Blood
磷酸酯酶與張力蛋白同源物	Phosphatase and Tensin Homolog, PTEN
磷脂酸	Phosphatidic Acid, PA

中英文專有名詞對照表	
磷脂醯膽鹼	Phosphatidylcholine, PC
磷脂醯乙醇胺	Phosphatidylethanolamine, PE
磷脂醯甘油	Phosphatidylglycerol, PG
磷脂醯肌醇	Phosphatidylinositol, PI
磷脂醯絲氨酸	Phosphatidylserine
人類胎盤間充質幹細胞	Placenta Mesenchymal Stem Cell, PlaMSC
植物類外泌體奈米顆粒	Plant Exosome-like Nanovesicles, PELNVs
血小板外泌體	Platelets Exosomal Product, PEP
質粒共轉染	Plasmid Cotransfection
足糖萼蛋白	Podocalyxin, PC
足細胞	Podocyte
聚乙二醇	Polyethylene Glycol, PEG
多囊性卵巢症候群	Polycystic Ovary Syndrome, PCOS
牙齦卟啉單胞菌	Porphyromonas gingivalis, Pg
卵巢功能不全	Premature Ovarian Insufficiency, POI
原代神經元	Primary Neurons
原發性硬化性膽管炎	Primary Sclerosing Cholangitis, PSC
前列腺癌	Prostate Cancer
蛋白抗原	Proteantigen
蛋白酶亞單位 7	Proteasome Subunit Alpha Type-7, PSMA7
肺氣腫	Pulmonary Emphysema
聚合酶連鎖反應	quantitative Real Time Polymerase Chain Reaction, qRT-PCR
醌甲基三萜類化合物	Quinone Methyl Triterpenoids
病毒糖蛋白	Rabies Viral Glycoprotein, RVG
調節因子	Rantes
腎小管酸血症	Renal Tubular Acidosis, RTA
白藜蘆醇	Resveratrol
網織紅細胞	Reticulocyte
A 酸	Retinoic Acid
類風濕因子	Rheumatoid Factor, RF
類風濕性關節炎	Rheumatoid Arthritis, RA
紅景天	Rhodiola
核糖核酸干擾	RNA interference, RNAi
丹參葉	Salvia Miltiorrhiz
掃描式電子顯微鏡	Scanning Electron Microscopy, SEM
許旺細胞	Schwann Cell
紫草素	Shikonin
粒徑排阻層析法	Size-exclusion Chromatography, SEC
小細胞肺癌	Small Cell Lung Cancer, SCLC
小分子干擾核糖核酸	small interfering RNA, siRNA
α - 突觸核蛋白	α -Synuclein, SNCA
可溶性蛋白	Soluble Protein
鞘磷脂	Sphingomyelin

中英文專有名詞對照表	
脊髓損傷	Spinal Cord Iinjury, SCI
食道鱗狀上皮細胞癌	Squamous Cell Carcinoma
金屬還原酶	Steap3
牙髓幹細胞	Stem Cell Derived from the Dental Pulp of Human Exfoliated Deciduous Teeth, SHED
胃癌	Stomach Cancer, Gastric Cancer
紋狀體	Striatum
軟骨下骨	Subchondral Bone
黑質	Substantia Nigra
向日葵	Sunflower
表面電漿共振	Surface Plasmon Resonance, SPR
合胞素	Syncytin
多配體蛋白聚糖	Syndecan-4, SDC4
系統性紅斑狼瘡	Systemic Lupus Erythematosus, SLE
切向流過濾	Tangential Flow Filtration, TFF
叔丁基過氧化氫	tert-butyl Hydroperoxide, t-BHP
免疫細胞受體	Toll-like Receptors
番茄	Tomato
凋亡誘導配體	TNF-related Apoptosis-inducing Ligand, TRAIL
傳明酸	Tranexamic Acid
經皮藥物遞送系統	Transdermal Drug Delivery System, TDDS
四跨膜蛋白	Transmembrane 4 Superfamily, TM4SF
穿透式電子顯微鏡	Transmission Electron Microscopy, TEM
三羧酸循環	Tricarboxylic Acid Cycle, TCA
小麥草	Triticum Aestivum
肺結核	Tuberculosis, TB
腫瘤細胞外泌體	Tumor Derived Exosomes, TEX
腫瘤壞死因子	Tumor Necrosis Factor, TNF
腫瘤壞死因子 α	Tumor Necrosis Factor α, TNF-α
第一型糖尿病	Type 1 Diabetes Mellitus, T1DM
酪氨酸酶	Tyrosinase
潰瘍性結腸炎	Ulcerative colitis
超速離心法	Ultracentrifugation, UC
超濾膜過濾	Ultrafiltration membrane Filtration
臍帶間充質幹細胞	Umbilical Cord Mesenchymal Stem Cells, UC-MSCs
尿嘧啶磷酸核糖轉移酶	Uracil Phosphoribosyltransferase, UPRT
血管內皮生長因子	Vascular Endothelial Growth Factor, VEGF
血管內皮生長因子 A	Vascular Endothelial Growth Factor A, VEGF-A
免疫印跡技術	Western Blot, WB
白色脂肪組織	White Adipose Tissue, WAT
無異種來源	Xeno Free, XF

參考文獻

Chapter **1**　未來醫學的新希望──外泌體

■ 小囊泡大學問

1. Yi Zhang, Jiayao Bi, Jiayi Huang, Yanan Tang, Shouying Du, and Pengyue Li. Exosome: A Review of Its Classification, Isolation Techniques, Storage, Diagnostic and Targeted Therapy Applications. Int J Nanomedicine, 2020; 15: 6917–6934.
2. Börger V, Bremer M, Görgens A, et al. Mesenchymal stem/stromal cell-derived extracellular vesicles as a new approach in stem cell therapy. ISBT Sci Ser, 2016, 11（S1）: 228-234.
3. Kowal J, Tkach M, Théry C. Biogenesis and secretion of exosomes. Curr Opin Cell Biol, 2014, 29: 116-125.
4. Cheng L, Zhang K, Wu S, et al. Focus on mesenchymal stem cell-derived exosomes: opportunities and challenges in cell-free therapy. Stem Cells Int, 2017, 2017:6305295.
5. Bobrie A, Colombo M, Raposo G, etal. Exosome secretion:molecular mechanisms and rolees in immune responses. Traffic, 2011, 12（12）: 1659-1668.
6. Deng H, Sun C, Sun Y, et al. Lipid, protein, and MicroRNA composition within mesenchymal stem cell-derived exosomes. Cell Reprogram, 2018, 20（3）: 178-186.
7. Zöller M. Pancreatic cancer diagnosis by free and exosomal miRNA. World J Gastrointest Pathophysiol, 2013, 4（4）: 74
8. Federica Caponnetto, Ivana Manini, Miran Skrap, et al. Size-dependent cellular uptake of exosomes. Nanomedicine, 2017 Apr; 13（3）: 1011-1020.

■ 外泌體的功能

1. Qian Hu, Hang Su, Juan Li, Christopher Lyon, Wenfu Tang, Meihua Wan, Tony Ye Hu.Clinical applications of exosome membrane proteins. Precis Clin Med, 2020 Mar; 3（1）: 54-66.
2. Jonathan M Pitt, Fabrice André, Sebastian Amigorena, Jean-Charles Soria, Alexander Eggermont, Guido Kroemer, Laurence Zitvogel. Dendritic cell-derived exosomes for cancer therapy. Clin Invest, 2016 Apr 1; 126（4）: 1224-32.
3. Baietti MF, Zhang Z, Mortier E, et al. Syndecan-syn tenin-ALIX regulates the biogenesis of exosomes. Nat Cell Biol, 2012, 14（7）: 677-685.
4. SHI M, LIU C, COOK T J, et al. Plasma exosomal α -synuclein is likely CNS-derived and increased in Parkinson's disease. Acta Neuropathologica, 2014, 128（5）: 639-650.
5. Wahlgren J, Karlson TDL, Brisslert M, et al. Plasma exosomes can deliver exogenous short interfering RNA to monocytes and lymphocytes. Nucleic Acids Res, 2012, 40: e130.

■ 外泌體的發現起源與發展歷史

1. N C Mishra, E L Tatum.Non-Mendelian inheritance of DNA-induced inositol independence in Neurospor. Proc Natl Acad Sci U S A, 1973 Dec; 70（12）: 3875-9.
2. C Harding, J Heuser, P Stahl, Receptor-mediated endocytosis of transferrin and recycling of the transferrin receptor in rat reticulocytes. Cell Biol, 1983Aug; 97（2）: 329-39.
3. R M Johnstone, M Adam, J R Hammond, L Orr, C Turbide. Vesicle formation during reticulocyte maturation. Association of plasma membrane activities with released vesicles（exosomes）. Biol Chem, 1987 Jul 5; 262（19）: 9412-20.
4. G Raposo, H W Nijman, W Stoorvogel, R Liejendekker, C V Harding, C J Melief, H J Geuze. B lymphocytes secrete antigen-presenting vesicles.
   Exp Med, 1996 Mar 1; 183（3）: 1161-72.
5. L Zitvogel, A Regnault, A Lozier, J Wolfers, C Flament, D Tenza, P Ricciardi-Castagnoli, G Raposo, S Amigorena. Eradication of established murine tumors using a novel cell-free vaccine: dendritic cell-derived exosomes. Nat Med, 1998 May; 4（5）: 594-600

6. Hadi Valadi, Karin Ekström, Apostolos Bossios, Margareta Sjöstrand, James J Lee, Jan O Lötvall.Exosome-mediated transfer of mRNAs and microRNAs is a novel mechanism of genetic exchange between cells. Nat Cell Biol, 2007 Jun; 9（6）: 654-9.

7. Bethany N Hannafon, Wei-Qun Ding. Intercellular communication by exosome-derived microRNAs in cancer.Int J Mol Sci, 2013 Jul 9; 14（7）: 14240-69.

8. Anoek Zomer, Carrie Maynard, Frederik Johannes Verweij, Alwin Kamermans, Ronny Schäfer, Evelyne Beerling, Raymond Michel Schiffelers, Elzo de Wit, Jordi Berenguer, Saskia Inge Johanna Ellenbroek, Thomas Wurdinger, Dirk Michiel Pegtel, Jacco van Rheenen. In Vivo imaging reveals extracellular vesicle-mediated phenocopying of metastatic behavior. Cell, 2015 May 21; 161（5）:1046-1057.

9. Michelle C Lowry, William M Gallagher, Lorraine O'Driscoll.The Role of Exosomes in Breast Cancer.Clin Chem, 2015 Dec; 61（12）: 1457-65.

10. Claudia Z Han, Ignacio J Juncadella, Jason M Kinchen, Monica W Buckley, Alexander L Klibanov, Kelly Dryden, Suna Onengut-Gumuscu, Uta Erdbrügger, Stephen D Turner, Yun M Shim, Kenneth S Tung, Kodi S Ravichandran. acrophages redirect phagocytosis by non-professional phagocytes and influence inflammation. Nature, 2016 Nov 24; 539（7630）: 570-574.

11. Sonia A Melo, Linda B Luecke, Christoph Kahlert, Agustin F Fernandez, et al. Glypican-1 identifies cancer exosomes and detects early pancreatic cancer. Nature, 2015 Jul 9; 523（7559）: 177-82.

12 Ayuko Hoshino, Bruno Costa-Silva, Tang-Long Shen, Goncalo Rodrigues, et al. Tumour exosome integrins determine organotropic metastasis.Nature, 2015 Nov 19; 527（7578）: 329-35.

13. Anthony J Szempruch, Steven E Sykes, Rudo Kieft, Lauren Dennison, Allison C Becker, et al. Extracellular Vesicles from Trypanosoma brucei Mediate Virulence Factor Transfer and Cause Host Anemia. Cell, 2016 Jan 14; 164（1-2）: 2 46-257.

14. Sivapriya Kailasan Vanaja, Ashley J Russo, Bharat Behl, Ishita Banerjee, et al.Bacterial Outer Membrane Vesicles Mediate Cytosolic Localization of LPS and Caspase-11 Activation.
    Cell, 2016 May 19; 165（5）: 1106-1119.

15. Anil Kumar, Kumaran Sundaram, Jingyao Mu, et al. High-fat diet-induced upregulation of exosomal phosphatidylcholine contributes to insulin resistance. Nat Commun, 2021 Jan 11; 12（1）: 213.

16. Johnny Wei, Chris Hollabaugh, Joshua Miller, Paige C Geiger, Brigid C Flynn.Molecular Cardioprotection and the Role of Exosomes: The Future Is Not Far Away. Cardiothorac Vasc Anesth, 2021 Mar; 35（3）: 780-785.

■ 外泌體的研究近況

1. Shih-Yin Chen, Meng-Chieh Lin, Jia-Shiuan Tsai, Pei-Lin He, Wen-Ting Luo, Harvey Herschman, Hua-Jung Li. EP 4 Antagonist-Elicited Extracellular Vesicles from Mesenchymal Stem Cells Rescue Cognition/Learning Deficiencies by Restoring Brain Cellular Functions.Stem Cells Transl Med, 2019 Jul; 8（7）: 707-723.

2. Shih-Yin Chen, Meng-Chieh Lin, Jia-Shiuan Tsai, Pei-Lin He, Wen-Ting Luo, Ing-Ming Chiu, Harvey R Herschman, Hua-Jung Li.Exosomal 2',3'-CNP from mesenchymal stem cells promotes hippocampus CA1 neurogenesis/neuritogenesis and contributes to rescue of cognition/learning deficiencies of damaged brain. Stem Cells Transl Med, 2020 Apr; 9（4）: 499-517.

3. Subhayan Sur, Mousumi Khatun, Robert Steele, T Scott Isbell, Ranjit Ray, Ratna B Ray.Exosomes from COVID-19 Patients Carry Tenascin-C and Fibrinogen-β in Triggering Inflammatory Signals in Cells of Distant Organ.
    Int J Mol Sci, 2021 Mar 20; 22（6）: 3184.

4. Leila Rezakhani, Ali Fatahian Kelishadrokhi, Arghavan Soleimanizadeh, Shima Rahmati.Mesenchymal stem cell（MSC）-derived exosomes as a cell-free therapy for patients Infected with COVID-19: Real opportunities and range of promises. Chem Phys Lipids, 2021 Jan; 234: 105009.

5. Krishnan Anand, Chithravel Vadivalagan, Jitcy Saji Joseph, Sachin Kumar Singh, et al. A novel nano therapeutic using convalescent plasma derived exosomal（CP Exo）for COVID-19: A combined hyperactive immune modulation and diagnostics. hem Biol Interact, 2021 Aug 1; 344: 109497.

■ 解開外泌體奧祕的諾貝爾獎得主

1. The 2013 Nobel Prize in Physiology or Medicine.

https://www.nobelprize.org/prizes/medicine/2013/press-release/

2. Gordana Supic. The nobel prize in physiology or medicine 2013. Vojnosanit Pregl, 2013 Nov; 70（11）：991-2.

3. William T Wickner. Profile of Thomas Sudhof, James Rothman, And Randy Schekman, 2013 Nobel Laureates in Physiology or Medicine.Proc Natl Acad Sci US A, 2013 Nov 12; 110（46）: 18349-50.

 外泌體的培養與提取技術

■ **外泌體的培養方法**

1. Yan IK, Shukla N, Borrelli DA, Patel T.（2018）Use of a Hollow Fiber Bioreactor to Collect Extracellular Vesicles from Cells in Culture. Methods Mol Biol, 1740: 35-41.

2. Melo SA, Luecke LB, Kahlert C, Fernandez AF, Gammon ST, Kaye J, LeBleu VS, Mittendorf EA, Weitz J, Rahbari N, Reissfelder C, Pilarsky C, Fraga MF, et al. Glypican-1 identifies cancer exosomes and detects early pancreatic cancer. Nature, 523（7559）: 177-82, 2015.

3. Kamerkar S, LeBleu VS, Sugimoto H, Yang S, Ruivo CF, Melo SA, Lee JJ, Kalluri R. Exosomes facilitate therapeutic targeting of oncogenic KRAS in pancreatic cancer. Nature, 546（7659）: 498-503, 2017.

4. Mendt M, Kamerkar S, Sugimoto H, McAndrews KM, Wu CC, Gagea M, Yang S, Blanko EVR, Peng Q, Ma X, Marszalek JR, Maitra A, Yee C, Rezvani K, Shpall E, LeBleu VS, Kalluri R. Generation and testing of clinical-grade exosomes for pancreatic cancer. JCI Insight, 3（8）, 2018.

■ **常用提取方法**

1. Pedersen KW, Kierulf B, Oksvold MP, et al. Isolation and Characterization of Exosomes Using Magnetic Beads. BioProbes Journal of Cell Biology Applications, BioProbes 71.

2. Wunsch BH, Smith JT, Gifford SM, et al. Nanoscale lateral displacement arrays for the separation of exosomes and colloids down to 20 nm. Nat Nanotechnol, 2016, 11: 936-40.

3. Haraszti RA, Miller R, Stoppato M,Sere YY,Coles A, et al. Exosomes Produced from 3D Cultures of MSCs by Tangential Flow Filtration Show Higher Yield and Improved Activity. Mol Ther, 2018 Sep 22. pii: S1525-0016（18）30456-8.

4. Cocucci E,Racchetti G, Meldolesi J. Shedding microvesicles:artefactsno more.Trends Cell Biol, 2009; 19: 43-51.

5. GHEINANI A H, VOGELI M,BAUMGARTNER U, et al. Improved isolation strategies to increase the yield and purity of human urinary exosomes for biomarker discovery. Sci Rep, 2018, 8（1）: 3945.

6. Thery C, Zitvogel L, Amigorena S.Exosomes: composition, biogenesis and function. Nat Rev Immunol, 2002, 2: 569-79.

7. QUINTANA J F, MAKEPEACE B L, BABAYAN S A, et al. Extracellular Onchocerca-derived small RNAs in host nodules and blood. Parasit Vectors, 2015, 8: 58.

8. Anita Cheruvanky, Hua Zhou, Trairak Pisitkun, et al. Rapid isolation of urinary exosomal biomarkers using a nanomembrane ultrafiltration concentrator. Am J Physiol Renal Physiol, 2007 May; 292（5）: F1657-61.

9. Mark A Rider,Stephanie N Hurwitz, David G Meckes Jr. ExtraPEG: A Polyethylene Glycol-Based Method for Enrichment of Extracellular Vesicles. Sci Rep,2016 Apr 12; 6: 23978.

■ **外泌體的其它提取方法**

1 . Wan Y, Cheng G, Liu X, et al.Rapid magnetic isolation of extracellular vesicles via lipid-based nanoprobes. Nat Biomed Eng, 2017, 1: 0058.

2. Matsuzaka Y, Kishi S, Aoki Y, et al. Three novel serum biomarkers, miR-1, miR-133a, and miR-206 for Limb-girdle muscular dystrophy, Facioscapulohumeral muscular dystrophy, and Becker muscular dystrophy. Environ Health Prevent Med, 2014, 19（6）: 452-458.

3. ZHANG H, LYDEN D. Asymmetric-flow field-flow fractionation technology for exomere and small extracellular vesicle separation and characterization. Nat Protocols, 2019, 14（4）: 1027-53.

4. MUSANTE L, TATARUCH D, GU D, et al. A simplified method to recover urinary vesicles for clinical applications, and sample banking.Sci Rep, 2014, 4: 7532.

5. Kadri Rekker, Merli Saare, et al. Comparison of serum exosome isolation methods for microRNA profiling. Clin Biochem, 2014 Jan; 47（1-2）: 135-8.

■ 常用外泌體鑑定方法

1. TIAN Y, MA L, GONG M, et al. Protein Profiling and Sizing of Extracellular Vesicles from Colorectal Cancer Patients via Flow Cytometry. ACS Nano, 2018; 12（1）: 671-680.

2. Xiao-chen Bai, Greg McMullan, Sjors H W Scheres. How cryo-EM is revolutionizing structural biology. Trends Biochem Sci, 2015 Jan; 40（1）: 49-57.

3. Wu Y, Deng W, Klinke DN. Exosomes: improved methods to characterize their morphology, RNA content, and surface protein biomarkers. Analyst, 2015, 140: 6631-42

4. SIEDLECKI CA, WANG IW, HIGASHI JM, et al. Platelet-derived microparticles on synthetic surfaces observed by atomic force microscopy and fluorescence microscopy.Biomaterials, 1999; 20（16）: 1521-1529.

5. 楊沁馨、王達利、衛雪等，〈間充質幹細胞源性外泌體的檢測方法〉，《中國組織工程研究》，第 24 卷第 13 期，2020 年，頁 2087-2094。

6. SIEDLECKI CA, WANG IW, HIGASHI JM, et al. Platelet-derived microparticles on synthetic surfaces observed by atomic force microscopy and fluorescence microscopy.Biomaterials, 1999; 20（16）: 1521-1529.

7. Chairoungdua A, Smith DL, Pochard P, et al. Exosome release of beta-catenin: A novel mechanismthat antagonizes Wnt signaling. J Cell Biol, 2010, 190（6）: 1079-1091.

■ 外泌體的保存方法

1. MAROTO R, ZHAO Y, JAMALUDDIN M, et al. Effects of storage temperature on airway exosome integrity for diagnostic and functional analyses. J Extracell Vesicles, 2017, 6（1）: 1359478.

3. Jun-Yong Wu, Yong- Jiang Li, Xiong-bin hu, et al. Preservation of small extracellular vesicles for functional analysis and therapeutic applications: a comparative evaluation of storage conditions. Drug Delivery, 2021, 28（1）

3. JEYARAM A, JAY S M. Preservation and storage stability of extracellular vesicles for therapeutic applications. AAPS J, 2017, 20（1）: 1.

4. Johnny C Akers, Valya Ramakrishnan, Isaac Yang, et al. Optimizing preservation of extracellular vesicular miRNAs derived from clinical cerebrospinal fluid. Cancer Biomark, 2016 Mar 25; 17（2）:125-32.

5. CHAROENVIRIYAKUL C, TAKAHASHI Y, NISHIKAWA M,et al. Preservation of exosomes at room temperature using lyophilization. Int J Pharm, 2018, 553（1/2）: 1-7.

6. Elia Bari, Sara Perteghella, Dario Di Silvestre,et al. Pilot Production of Mesenchymal StemStromal Freeze-Dried Secretome for Cell-Free Regenerative Nanomedicine. Cells, 2018 Oct 30; 7（11）: 190.

■ 呼吸系統疾病應用

1. Leng, Z. et al, et al. Transplantation of ACE2- Mesenchymal Stem Cells Improves the Outcome of Patients with COVID-19 Pneumonia. Aging Dis, 2020 Apr; 11（2）: 216-228.

2. Maria Ines Mitrani, Michael A Bellio, Anthony Sagel, et al. Case Report: Administration of Amniotic Fluid-Derived Nanoparticles in Three Severely Ill COVID-19 Patients. Front Med（Lausanne）, 2021 Mar 17; 8: 583842.

3. Lihua Xie, Minghua Wu, Hua Lin, Chun Liu, et al. An increased ratio of serum miR-21 to miR-181a levels is associated with the early pathogenic process of chronic obstructive pulmonary disease in asymptomatic heavy smokers. Mol Biosyst, 2014 May; 10（5）: 1072-81.

4. Fahri Akbas, Ender Coskunpinar, Engin Aynaci, et al. Analysis of serum micro-RNAs as potential biomarker in chronic obstructive pulmonary disease. Exp Lung Res, 2012 Aug; 38（6）: 286-94.

5. Zhu Y,Feng X,Abbott J, et al. Human mesenchymal stem cell microvesicles for treatment of Escherichia coli endotoxin-induced acute lung injury in mice. Stem Cells, 2014, 32（1）: 116-125.

6. Shamila D Alipoor, Esmaeil Mortaz, Mohammad Varahram, et al. The Potential Biomarkers and Immunological Effects of Tumor-Derived Exosomes in Lung Cancer. Front Immunol, 2018 Apr 18; 9: 819.

■ 消化系統疾病應用

1. Melo SA, Luecke LB, Kahlert C, et al. Glypican-1 identifies cancer exosomes and detects early pancreatic cancer. Nature, 2015; 523: 177-182.
2. Demory Beckler M, Higginbotham JN, Franklin JL, et al. Proteomic analysis of exosomes from mutant KRAS colon cancer cells identifies intercellular transfer of mutant KRAS. Mol Cell Proteomics, 2013; 12: 343-355.
3. Hong BS, Cho JH, Kim H, Choi EJ, et al. Colorectal cancer cell-derived microvesicles are enriched in cell cycle-related mRNAs that promote proliferation of endothelial cells. BMC Genomics, 2009; 10: 556.
4. Li C, Liu DR, Li GG, et al. CD97 promotes gastric cancer cell proliferation and invasion through exosome-mediated MAPK signaling pathway. World J Gastroenterol, 2015; 21: 6215-6228.
5. Ohshima K, Kanto K, Hatakeyama K, et al. Exosome-mediated extracellular release of polyadenylate-binding protein 1 in human metastatic duodenal cancer cells. Proteomics, 2014; 14: 2297-2306.
6. Sohn W, Kim J, Kang SH, Yang SR, et al.Serum exosomal microRNAs as novel biomarkers for hepatocellular carcinoma. Exp Mol Med, 2015; 47: e184.

■ 泌尿系統疾病應用

1. Amparo Perez, 1 Ana Loizaga, et al. A Pilot Study on the Potential of RNA-Associated to Urinary Vesicles as a Suitable Non-Invasive Source for Diagnostic Purposes in Bladder Cancer. Cancers（Basel）, 2014 Mar; 6（1）: 179-192.
2. Sonoda H, Yokota-Ikeda N, Oshikawa S, et al. Decreased abundance of urinary exosomal aquaporin-1 in renal ischemia-reperfusion injury. Am J Physiol Renal Physiol, 2009, 297（4）: F1006-F1016.
3. Zhou H, Cheruvanky A, Hu X, et al. Urinary exosomal transcription factors, a new class of biomarkers for renal disease. Kidney Int, 2008, 74（5）: 613-621.
4. Wang G, Kwan BC, Lai FM, et al. Expression of microRNAs in the urinary sediment of patients with IgA nephropathy. Dis Markers, 2010, 28（2）: 79-86.
5. Hara M, Yamagata K, Tomino Y, et al. Urinary podocalyxin is an early marker for podocyte injury in patients with diabetes: establishment of a highly sensitive ELISA to detect urinary podocalyxin. Diabetologia, 2012, 55（11）: 2 913-2919.
6. Abdeen A, Sonoda H, El-Shawarby R, et al. Urinary excretion pattern of exosomal aquaporin-2 in rats that received gentamicin. Am J Physiol Renal Physiol, 2014, 307（11）: F1227-F1237.
7. Street JM, Birkhoff W, Menzies RI, et al. Exosomal transmission of functional aquaporin 2 in kidney cortical collecting duct cells. J Physiol, 2011, 589（24）: 6119-6127.
8. Hogan MC, Manganelli L, Woollard JR, et al. Characterization of PKD protein-positive exosome-like vesicles. J Am Soc Nephrol, 2009, 20（2）: 278-288.
9. Gildea JJ, Carlson JM,Schoeffel CD, et al. Urinary exosome miRNome analysis and its applications to salt sensitivity of blood pressure.Clin Biochem, 2013, 46（12）: 1131-1134.
10. Claudia Eisele, Ramona Schmid, et al. Urinary Exosomal miRNA Signature in Type II Diabetic Nephropathy Patients. PLoS One, 2016 Mar 1; 11（3）: e0150154.

■ 心血管系統疾病應用

1. Angela Montecalvo, Adriana T. Larregina, William J. Shufesky,et al.Mechanism of transfer of functional microRNAs between mouse dendritic cells via exosomes. Blood,（2012）119（3）: 756-766.
2.Jian-Fu Chen, Elizabeth P Murchison, Ruhang Tang, et al. Targeted deletion of Dicer in the heart leads to dilated cardiomyopathy and heart failure. Proc Natl Acad Sci USA, 2008 Feb 12; 105（6）: 2111-6.
3.Ahmed Gamal-Eldin Ibrahim, Ke Cheng, Eduardo Marbán. Exosomes as critical agents of cardiac regeneration triggered by cell therapy. Stem Cell Reports, 2014 May 8; 2（5）: 606-19.
4. Ruenn Chai Lai, Fatih Arslan, May May Lee, Newman Siu Kwan Sze, et al. Exosome secreted by MSC reduces myocardial ischemia/reperfusion injury. Stem Cell Res, 2010 May; 4（3）: 214-22.
5. Romain Gallet, James Dawkins, et al. Exosomes secreted by cardiosphere-derived cells reduce scarring, attenuate adverse remodelling, and improve function in acute and chronic porcine myocardial infarction. Eur Heart J, 2017 Jan 14; 38（3）: 201-211.

- 神經系統疾病應用

1. Yuan-Kun Tu, Yu-Huan Hsueh.Extracellular vesicles isolated from human olfactory ensheathing cells enhance the viability of neural progenitor cells, Neurol Res, 2020 Nov; 42（11）: 959-967.

2. R Yao, M Murtaza, J Tello Velasquez, M Todorovic, A Rayfield, J Ekberg, M Barton, J St John. Olfactory Ensheathing Cells for Spinal Cord Injury: Sniffing Out the Issues. Cell Transplant, 2018 Jun; 27（6）: 879-889.

3. Susan C Barnett. Olfactory ensheathing cells: unique glial cell types. J Neurotrauma, 2004 Apr; 21（4）: 375-82.

4. ZHOU J,CHEN L, CHEN B, et al. Increased serum exosomal miR-134 expression in the acute ischemic stroke patients. BioMed Central Neurology, 2018, 18: 198.

5. JIA L F, QIU Q Q, ZHANG H, et al. Concordance between the assessment of A β 42, T-tau, and P-T181-tau in peripheral blood neuronal-derived exosome and cerebrospinal fluid. Alzheimer's & Dementia, 2019, 15（8）: 1071-1080.

6. JARMALAVICIUTE A, TUNAITIS V, PIVORAITE U, et al. Exosomes from dental pulp stem cells rescue human dopamin-ergic neurons from 6-hydroxy-dopamine induced apoptosis. Cytotherapy, 2015, 17（7）: 932-939.

- 免疫系統疾病應用

1. G Raposo, H W Nijman, W Stoorvogel,R Liejendekker, et al. Abstract. B lymphocytes secrete antigen-presenting vesicles. J Exp Med, 1996, 183（3）: 1161-1172.

2. Agarwal A, Fanelli G, Letizia M, et al. Regulatory T Cell-Derived Exosomes: Possible Therapeutic and Diagnostic Tools in Transplantation. Frontiers in Immunology, 2014, 5（555）: 1-7.

3. Han CZ, Juncadella IJ, Kinchen JM, et al. Macrophages redirect phagocytosis by non-professional phagocytes and influence inflammation. Nature, 2016, 539（7630）: 570.

4. Cheng L, Wang Y, Huang L. Exosomes from M1-Polarized Macrophages Potentiate the Cancer Vaccine by Creating a Pro-inflammatory Microenvironment in the Lymph Node.Mol Ther, 2017, 25（7）: 1665-1675.

5. Wen-Cheng Wu, Sheng-Jiao Song, Yuan Zhang, and Xing Li. Role of Extracellular Vesicles in Autoimmune Pathogenesis. Front Immunol, 2020; 11: 579043.

- 腫瘤治療應用

1. J Wolfers, A Lozier, G Raposo, A Regnault, et al.Tumor-derived exosomes are a source of shared tumor rejection antigens for CTL cross-priming.Nat Med, 2001 Mar; 7（3）: 297-303.

2. Keith O'Brien, Michelle C Lowry, et al. miR-134 in extracellular vesicles reduces triple-negative breast cancer aggression and increases drug sensitivity. Oncotarget, 2015 Oct 20; 6（32）: 32774-89.

3. Adrian L Harris.Hypoxia--a key regulatory factor in tumour growth. Nat Rev Cancer,2002 Jan; 2（1）: 38-47.

4. Ting Wang, Daniele M Gilkes, et al. Hypoxia-inducible factors and RAB22A mediate formation of microvesicles that stimulate breast cancer invasion and metastasis. Proc Natl Acad Sci U S A, 2014 Aug 5; 111（31）: E3234-42.

5. Young Hwa Soung, Shane Ford, et al. Exosomes in Cancer Diagnostics. Cancers（Basel）, 2017 Jan 12; 9（1）: 8.

6. 戴佑玲、陳克儉、張亞衡、郭文宏、張金堅、沈湯龍,〈癌轉移非隨機發生:透過胞外泌體進行癌轉移的預測〉,《臺灣醫學期刊》,61 卷 1 期,2018 年,頁 8-12。

- 骨科疾病治療應用

1. ZHANG S, CHU WC, LAI RC, et al. Exosomes derived from human embryonic mesenchymal stem cells promote osteochondral regeneration. Osteoarthritis Cartilage, 2016; 24（12）: 2135 2140.

2. Qi X, Zhang J, Yuan H, Xu Z, Li Q, Niu X, et al. Exosomes secreted by human-induced pluripotent stem cell-derived mesenchymal stem cells repair critical-sized bone defects through enhanced angiogenesis and osteogenesis in osteoporotic rats. Int J Biol Sci, 2016; 12（7）: 836-49.

3. Narayanan R, Huang CC, Ravindran S. Hijacking the cellular mail: exosome mediated differentiation of mesenchymal stem cells. Stem Cells Int, 2016; 2016: 3808674.

4. Xiaofei Cheng, Guoying Zhang, Liang Zhang, et al. Mesenchymal stem cells deliver exogenous miR-21 via

exosomes to inhibit nucleus pulposus cell apoptosis and reduce intervertebral disc degeneration. J Cell Mol Med, 2018 Jan; 22（1）: 261-276.

5. Furuta T, Miyaki S, Ishitobi H, Ogura T, Kato Y, Kamei N, et al. Mesenchymal stem cell-derived exosomes promote fracture healing in a mouse model.Stem Cells Transl Med, 2016; 5（12）: 1620-30.

■ 其他疾病應用

1. Li Min Lei, Xiao Lin, Feng Xu, et al. Exosomes and Obesity-Related Insulin Resistance. Front Cell Dev Biol, 2021 Mar 18; 9: 651996.

2. Anthony J Szempruch, Steven E Sykes, Rudo Kieft, Lauren Dennison, et al. Extracellular Vesicles from Trypanosoma brucei Mediate Virulence Factor Transfer and Cause Host Anemia. Cell, 2016 Jan 14; 164（1-2）: 246-257.

3. Sivapriya Kailasan Vanaja, Ashley J Russo, Bharat Behl, Ishita Banerjee, et al. Bacterial Outer Membrane Vesicles Mediate Cytosolic Localization of LPS and Caspase-11 Activation. Cell, 2016 May 19; 165（5）: 1106-1119.

4. NAKAMURA K, JINNIN M, HARADA M,et al.Altered expression of CD63 and exosomes in scleroderma dermal fibroblasts. J Dermatol Sci, 2016; 84（1）: 30-39.

5. HUANG B, LU J, DING C, et al. Exosomes derived from human adipose mesenchymal stem cells improve ovary function of premature ovarian insufficiency by targeting SMAD. Stem Cell Res Ther, 2018; 9（1）: 216.

6. SHANG Q, BAI Y, WANG G, et al. Delivery of Adipose-Derived Stem Cells Attenuates Adipose Tissue Inflammation and Insulin Resistance in Obese Mice Through Remodeling Macrophage Phenotypes. Stem Cells Dev, 2015; 24（17）: 2052-2064.

7. Joel Henrique Ellwanger, Tiago Degani Veit, José Artur Bogo Chies.Exosomes in HIV infection: A review and critical look. Infect Genet Evol, 2017Sep; 53: 146-154.

Chapter 5　外泌體在保健食品的應用

1. Juan Xiao, Siyuan Feng, Xun Wang, Keren Long, Yi Luo, Yuhao Wang, et al. Identification of exosome-like nanoparticle-derived microRNAs from 11 edible fruits and vegetables. PeerJ, 2018 Jul 31; 6: e5186.

2. Haseeb Anwar Dad, Ting-Wei Gu, Ao-Qing Zhu, Lu-Qi Huang, Li-Hua Peng. Plant Exosome-like Nanovesicles: Emerging Therapeutics and Drug Delivery Nanoplatforms. Mol Ther, 2021 Jan 6; 29（1）: 13-31.

3. Songwen Ju, Jingyao Mu, Terje Dokland, Xiaoying Zhuang, et al. Grape exosome-like nanoparticles induce intestinal stem cells and protect mice from DSS-induced colitis. Mol Ther, 2013 Jul; 21（7）: 1345-57.

4. DENG Z, RONG Y, TENG Y, et al. Broccoli-derived nanoparticle inhibits mouse colitis by activating dendritic cell AMP-activated protein kinase. Molecular Therapy, 2017, 25（7）: 1641-1654.

5. Kumaran Sundaram, Daniel P Miller, Anil Kumar, Yun Teng,et al.Plant-Derived Exosomal Nanoparticles Inhibit Pathogenicity of Porphyromonas gingivalis, iScience, 2019 Nov 22; 21: 308-327.

6. Zhefeng Li, Hongzhi Wang, Hongran Yin, Chad Bennett, et al. Arrowtail RNA for Ligand Display on Ginger Exosome-like Nanovesicles to Systemic Deliver siRNA for Cancer Suppression.Sci Rep, 2018 Oct 2; 8（1）: 14644.

7. MU Jingyao, ZHUANG Xiaoying, WANG Qilong, et al. Interspecies communication between plant and mouse gut host cells through edible plant derived exosome-like nanoparticles. Molecular Nutrition & Food Research, 2014, 58（7）: 1561-1573.

Chapter 6　外泌體在護膚產品的應用

1. Myeongsik Oh, Jinhee Lee, Yu Jin Kim, Won Jong Rhee, Ju HyunPark. ExosomesDerived from Human Induced Pluripotent Stem Cells Ameliorate the Aging of Skin Fibroblasts. Mol Sci, 2018 Jun 9; 19（6）: 1715.

2. Dae Hyun HaHyun-keun Kim, Joon Lee, Hyuck Hoon Kwon, Gyeong-Hun Park, et al. Mesenchymal Stem/Stromal Cell-Derived Exosomes for Immunomodulatory Therapeutics and Skin Regeneration. Cells, 2020 May; 9（5）: 1157.

3. Ao Shi, Jialun Li, Xinyuan Qiu, Michael Sabbah, Soulmaz Boroumand, Tony Chieh-Ting Huang, et al. TGF-β loaded exosome enhances ischemic wound healing in vitro and in vivo.Theranostics, 2021 Apr 30; 11（13）: 6616-6631.

4. Motohiro Komaki, Yuri Numata, Chikako Morioka, Izumi Honda, Masayuki Tooi, et al. Exosomes of human placenta-derived mesenchymal stem cells stimulate angiogenesis. Stem Cell Res Ther, 2017 Oct 3; 8（1）: 219.

5. Kei Takano, Akira Hachiya, Daiki Murase, Hiroki Tanabe,et al.Quantitative changes in the secretion of exosomes from keratinocytes homeostatically regulate skin pigmentation in a paracrine manner. J Dermatol, 2020 Mar; 47（3）: 265-276.

6. Ruri Lee, Hae Ju Ko, Kimin Kim, Yehjoo Sohn, et al. Anti-melanogenic effects of extracellular vesicles derived from plant leaves and stems in mouse melanoma cells and human healthy skin. J Extracell Vesicles, 2019 Dec 18; 9（1）: 1703480.

7. Wanil Kim, Eun Jung Lee, Il-Hong Bae, Kilsun Myoung, et al. lactobacillus plantarum-derived extracellular vesicles induce anti-inflammatory M2 macrophage polarization in vitro. J Extracell Vesicles, 2020 Jul 17; 9（1）: 1793514.

8. Chuanjie Guo, Junlin He, Xiaominting Song, Lu Tan, Miao Wang, et al. Pharmacological properties and derivatives of shikonin-A review in recent years. Pharmacol Res, 2019 Nov; 149: 104463.

9. Fikrettin Şahin, Polen Koçak, Merve Yıldırım Güneş, İrem Özkan, et al. In Vitro Wound Healing Activity of Wheat-Derived Nanovesicles. Appl Biochem Biotechnol, 2019 Jun; 188（2）: 381-394.

Chapter **7**　外泌體在藥物開發的應用

1. Alvarez-Erviti L, Seow Y, Yin H, Betts C, Lakhal S, Wood MJ. Delivery of siRNA to the mouse brain by systemic injection of targeted exosomes. Nat Biotechnol, 2011; 29（4）: 341-5.

2. Mizrak A, Bolukbasi MF, Ozdener GB, Brenner GJ, Madlener S,Erkan EP,et al.Genetically engineered microvesicles carrying suicide mRNA/protein inhibit schwannoma tumor growth. Mol Ther, 2013; 21（1）: 101-8.

3. Pascucci L, Cocce V, Bonomi A, Ami D, Ceccarelli P, Ciusani E, et al. Paclitaxel is incorporated by mesenchymal stromal cells and released in exosomes that inhibit in vitro tumor growth: A new approach for drug delivery. Control Release, 2014; 192:262-70.

4 Arda Mizrak, Mehmet Fatih Bolukbasi, Gokhan Baris Ozdener, Gary J Brenner,et al.Genetically engineered microvesicles carrying suicide mRNA/protein inhibit schwannoma tumor growth. Mol Ther, 2013 Jan; 21（1）: 101-8.

5. Chen L, Charrier A, Zhou Y, Chen R, Yu B, Agarwal K, et al. Epigenetic regulation of connective tissue growth factor by microRNA-214 delivery in exosomes from mouse or human hepatic stellate cells. Hepatology, 2014; 59（3）: 1118-29.

6. Aggarwal BB, Harikumar KB. Potential therapeutic effects of curcumin, the anti-inflammatory agent, against neurodegenerative, cardiovascular, pulmonary, metabolic, autoimmune and neoplastic diseases. Biochem Cell Biol, 2009, 41: 40-59.

7. 壽崟、馬宇航、虎力、徐平、張偉波、高原、張必萌〈外泌體研究在中醫學領域的應用及前景〉，（上海交通大學附屬第一人民醫院、上海中醫藥大學），《學科前沿》，第 33 期，2019 年 11 月，頁 38-43。

Chapter **8**　外泌體在疾病診斷的應用

1. Ling-Yun Lin, Li Yang, Qiang Zeng, et al. Tumor-originated exosomal lncUEGC1 as a circulating biomarker for early-stage gastric cancer. Molecular Cancer,（2018）17: 84.

2. OSTENFELD M S, JEPPESEN D K, LAURBERG J R, et al. Cellular disposal of miR23b by RAB27-dependent exosome release is linked to acquisition of metastatic properties. Cancer Res, 2014, 74（20）: 5758-5771.

3. Kuwabara Y, Ono K, Horie T, et al. Increased microRNA-1 and microRNA-133a levels in serum of patients with cardiovascular disease indicate myocardial damage. Circ Cardiovasc Genet,2011, 4（4）: 446-454.

4. Schneider A, Simons M. Exosomes: vesicular carriers for intercellular communication in neurodegenerative

disorders. Cell Tissue Res, 2013, 352（1）: 33-47.

5. Zhang,et al. Human Umbilical Cord Mesenchymal Stem Cell Exosomes Enhance Angiogenesis through the Wnt4/Beta-Catenin Pathway. Stem Cells Translational Medicine,（2015）4, 513-522.

6. Youhei Tanaka, Hidenobu Kamohara, Kouichi Kinoshita, et al. Clinical impact of serum exosomal microRNA-21 as a clinical biomarker in human esophageal squamous cell carcinoma. Cancer, 2013 Mar 15; 119（6）: 1159-67.

Chapter 9 工業外泌體

■ 工業外泌體的生產方法

1. Haraszti RA, Miller R, Stoppato M, Sere YY, Coles A, Didiot MC, Wollacott R, Sapp E, et al. Exosomes Produced from 3D Cultures of MSCs by Tangential Flow Filtration Show Higher Yield and Improved Activity. Mol Ther, 2018 Sep 22.

■ 如何提高外泌體產量？

1. Zhaogang Yang, et al. Large-scale generation of functional mRNA-encapsulating exosomes via cellular nanoporation. Nature Biomedical Engineering, 16 Dec, 2019.

2. Jang S C, Kim O Y, Yoon C M, et al. Bioinspired exosome-mimetic nanovesicles for targeted delivery of chemotherapeutics to malignant tumors. ACS nano, 2013, 7（9）: 7698-7710.

3. Lunavat T R, Jang S C, Nilsson L, et al. RNAi delivery by exosome-mimetic nanovesicles–Implications for targeting c-Myc in cancer. Biomaterials, 2016.

4. Ryosuke Kojima, Daniel Bojar, Giorgio Rizzi, Ghislaine Charpin-El Hamri, Marie Daoud El-Baba, Pratik Saxena, Simon Ausländer, Kelly R Tan, Martin Fussenegger. Designer exosomes produced by implanted cells intracerebrally deliver therapeutic cargo for Parkinson's disease treatment. Nat Commun, 2018 Apr 3;9（1）: 1305.

Chapter 10 外泌體市場發展情況

■ 外泌體市場發展驅動因素

1. Exosomes Market Size, Share and Trends Analysis Report By Workflow（Isolation, Downstream Analysis）, By Biomolecule Type（Non-coding RNA, mRNA, Protein, Lipid）, By Application, And Segment Forecasts, 2018-2030.

2. Yu-Shuan Chen, En-Yi Lin, Tzyy-Wen Chiou, Horng-Jyh Harn, Exosomes in clinical trial and their production in compliance with good manufacturing practice. Tzu Chi Med, 2020 Apr-Jun; 32（2）: 113-120.

3. Bin Wang, Dan Xing, Yuanyuan Zhu, Shengjie Dong, Bin Zhao. The State of Exosomes Research: A Global Visualized Analysis. Research Article, 03 April 2019.

■ 全球外泌體發展情況

1. Global Exosome Therapeutic Market Seeking Excellent Growth ||Players-Codiak BioSciences, Jazz Pharmaceuticals, Inc., Boehringer Ingelheim International GmbH, ReNeuron Group plc.

2. Codiak BioSciences validates its engineered exosomes platform
https://www.scienceboard.net/index.aspx?sec=ser&sub=def&pag=dis&ItemID=2015

3. ExoCoBio is gaining strong momentum to commercialize innovative exosome technologies, attracts investment of $11 million https://exosome-rna.com/exocobio-is-gaining-strong-momentum-to-commercialize-innovative-exosome-technologies-attracts-investment-of-11-million/

4. Creative Medical Technology Holdings Files Patent on AmnioStem Exosome Stroke Therapy https://exosome-rna.com/creative-medical-technology-holdings-files-patent-on-amniostem-exosome-stroke-therapy/

5. Aegle Therapeutics
https://www.aegletherapeutics.com/news.html

國家圖書館出版品預行編目資料

神奇的外泌體／莊銀清、陳振興◎著.——初版.——台中市：晨
星出版有限公司，2021.11
面；公分.——（健康百科；53）

ISBN 978-626-320-012-8（平裝）

1.細胞生物學

364   110017185

健康百科
53

神奇的外泌體

可至線上填回函！

作者	莊銀清 醫師&陳振興 醫學博士 合著
主編	莊雅琦
編輯	洪絹
校對	洪絹、蕭玫玲
美術排版	林姿秀
封面設計	王大可

創辦人	陳銘民
發行所	晨星出版有限公司
	407台中市西屯區工業30路1號1樓
	TEL：04-23595820　FAX：04-23550581
	E-mail：service-taipei@morningstar.com.tw
	http://star.morningstar.com.tw
	行政院新聞局局版台業字第2500號
法律顧問	陳思成律師
初版	西元2021年11月15日
再版	西元2024年03月04日（五刷）

讀者服務專線	TEL：02-23672044／04-23595819#212
讀者傳真專線	FAX：02-23635741／04-23595493
讀者專用信箱	service@morningstar.com.tw
網路書店	http://www.morningstar.com.tw
郵政劃撥	15060393（知己圖書股份有限公司）

印刷	上好印刷股份有限公司

定價 350 元
ISBN　978-626-320-012-8